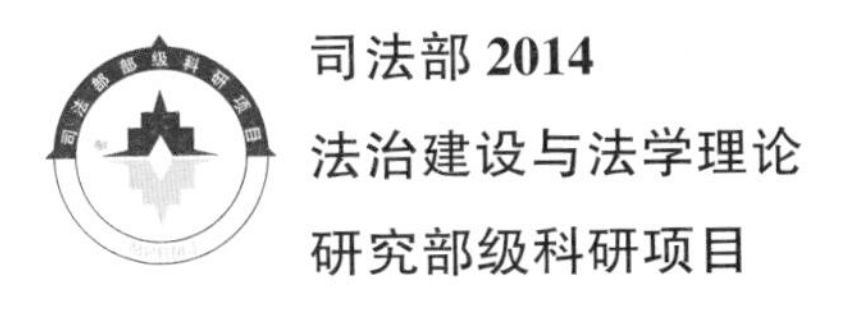

司法部2014
法治建设与法学理论
研究部级科研项目

海洋渔业资源养护的国际规则变动研究

Research to Conservation on Marine Fishery Resources In View of Norm Change of International Law

魏德才　著

海洋出版社
2019年·北京

图书在版编目（CIP）数据

海洋渔业资源养护的国际规则变动研究/魏德才著．—北京：海洋出版社，2019.10

ISBN 978-7-5210-0445-8

Ⅰ.①海…　Ⅱ.①魏…　Ⅲ.①海洋渔业-水产资源-资源保护-研究　Ⅳ.①S931

中国版本图书馆 CIP 数据核字(2019)第 228986 号

责任编辑：杨　艳　夏亚南

责任印制：赵麟苏

海洋出版社　**出版发行**

http://www.oceanpress.com.cn

北京市海淀区大慧寺路 8 号　邮编：100081

北京朝阳印刷厂有限责任公司印刷　新华书店北京发行所经销

2019 年 10 月第 1 版　2019 年 10 月第 1 次印刷

开本：880mm×1230mm　1/32　印张：8

字数：189 千字　定价：50.00 元

发行部：62132549　邮购部：68038093　总编室：62114335

作者简介

魏德才，男，山东烟台人，1980 年 10 月出生，法学博士，海南大学法学院副教授，国际模拟法庭比赛教练，硕士研究生导师，中国法学会 WTO 法研究会理事，海南省法学会国际经济贸易法研究会常务理事，曾担任海南省高级人民法院民事审判第三庭庭长助理（挂职）。主要从事国际法、海洋法的教学和科研工作。参与国家级涉海项目多项，主持完成省部级项目三项，目前主持省部级项目一项。

序

2012年，时任中共中央总书记的胡锦涛同志在党的十八大报告中指出，要“提高海洋资源开发能力，发展海洋经济，保护海洋生态环境，坚决维护国家海洋权益，建设海洋强国”。2017年，中共中央总书记习近平同志在党的十九大报告中又进一步提出，要“坚持陆海统筹，加快建设海洋强国”。党中央所确定的发展海洋的战略目标，也为广大的国际法理论工作者指明了研究的方向。

海洋，约占地球总面积的70%。在前工业化时代，海洋对于人类的作用主要局限于航运和渔业生产。然而，第二次世界大战以来，随着全球工业化的发展，海洋的功能日益得到扩展，海洋渔业领域的国际规则也正在经历着深刻的变革，形势的发展和变化，赋予国际法理论工作者以神圣的使命。

海南大学位于南海之滨，基于地缘方面的优势和学校的优良传统，海南大学的教师非常关注海洋问题。魏德才同志作为这个队伍中的一员，也一直致力于海洋渔业领域的国际法问题研究，并于近期完成了这部关于海洋渔业资源养护国际规则的专著，这是一件可喜可贺的事情。阅读了魏德才同志的书稿，我有如下三点体会。

体会之一，作者掌握了最新的研究动态。海洋渔业资源养护的国际规则所涉及的内容浩如烟海，然而，作者在广泛搜集和阅读资料的基础上，掌握了最新的研究成果，从粮食安全到食品安全，从南北之间的利益冲突到东西方文化之间的差异，从渔业补贴政策到生物多样性的养护规则等，在书中均有论述。此外，对于目前正在进行的以 WTO 为平台的“渔业补贴”谈判和以联合国大会为平台的“国家管辖外海域生物多样性（BBNJ）养护与可持续利用协定”的谈判情况，在书中也有清晰的阐释和论证，读后印象深刻。

体会之二，书中对问题的阐释逻辑清晰且结构严谨。海洋渔业资源养护的国际规则涉及的问题极其复杂，如何规划研究的路径并确定各部分研究的切入点与落脚点，这在实际上考验着作者驾驭研究工作的能力。值得欣慰的是，作者抓住了“共同的海洋，分散的渔业”这一主要矛盾，并以此为主线，通过两个层次分析渔业资源养护规则的变迁及其产生的影响。其中，第一层次，按照捕捞、运输、销售的顺序，对一般性的渔业活动领域的国际法问题加以阐释；第二层次，按照渔业补贴、水产品标签、生物多样性养护的顺序，论证了通过政府引导、规制海洋渔业活动而逐步形成的国际规则。

体会之三，作者有较强的政治素养。在专著写作的过程中，作者以习近平新时代中国特色社会主义思想为指导，将构建“人类命运共同体”和“海洋命运共同体”这一理念贯穿于研究工作的全过程，坚持以中国的立场研究问题，分析问题并解决问题，提出了许多具有创新意义的观点。

我与作者认识已有十余年，早在 2008 年 10 月于南开大学举行的中国国际经济法学会年会暨学术研讨会上，刚刚从教一年多的魏德才同志曾经与我探讨过如何做好一名高校教师的问题，话题包括如何研究海洋法，如何讲好一门课程等。之后，我们有过多次的电话和通信交流。如今，十多年过去了，我欣喜地看到这位年轻的学者在学术上取得了可喜的成就，本书的写作也是他十余年教学、科研成果的结晶，堪称我国海洋渔业规则研究领域的优秀成果之一。

目前，人们正在关注《中华人民共和国渔业法》的修改这一重要问题，渔业补贴、BBNJ 协定多边国际谈判也正在进行，我衷心地希望本书的出版能够为修改《中华人民共和国渔业法》和推进渔业协定的谈判提供有益的参考。同时也希望本书的作者继续发扬严谨求实、吃苦耐劳的作风，力争有更多的研究成果问世。

最后，我愿借本书出版这个机会，向作者表示衷心的祝贺！

傅廷中

2019 年国庆节

于清华大学

目　录

第一篇　当前海洋渔业资源养护的国际规则正处在变动的十字路口

第二篇　海洋渔业资源养护基本环节的国际规则在争议中确立

第四篇　海洋渔业资源养护国际规则变动的前景展望与中国策略

第一篇

当前海洋渔业资源养护的国际规则正处在变动的十字路口

第一章　突出的供需矛盾：海洋渔业资源养护的需求强烈而《联合国海洋法公约》的制度供给不足

海洋渔业是人类最古老的行业之一。在较长的历史时空中，人类对海洋的争夺反映为渔业资源分配领域的矛盾冲突。1882 年，英国、德国、法国、荷兰、比利时、丹麦 6 国签订的《北海渔业公约》是较早的国际渔业公约，[①] 这是一部以资源分配为主体的国际公约，该公约中已经有了渔业资源养护的内容。

在东西方文明发展的过程中，尽管风格迥异，但无不重视渔业资源养护。在欧洲，1867 年英国和法国签订的《英法渔业条约》规定：捕鱼者有义务对海洋渔业资源进行有效保护，这既是国家的义务，也是对渔业从业人员的约束。[②] 在亚洲，我国古代渔业在管理和生产上的诸多方面都以“天人合一”观为指导准则，崇尚节制、节约对资源的索取和利用，注重养护自然资源和保育生态环境，以追求“与天地合其德……与四时合其序”，[③] 即顺应自然节

---

① 公约全称为《关于北海渔业管理规定的国际公约》（The International Convention for Regulating the Police of the North Sea Fisheries），简称《北海渔业公约》（North Sea Fishery Convention）。公约规定了国家的渔业专属管辖范围，渔船的注册和标识。该公约经过几次修改，至今一直有效。

② 第二次世界大战后，海洋“资源养护”的提法才被广泛使用，之前人们较多地使用“合理捕捞”与“渔业资源保护”等表述方式。在现代国际海洋法的表述中，“资源养护”与“资源保护”有着一定的涵盖关系，但是具有一定的差异性。本书中遵循“养护”英文为 Conservation，指持久有效利用的含义，认为养护不同于保护。

③ 《易经·乾卦·文言》。

律，用自然生态系统有机大整体的眼光来看待宇宙万物，将人的生产、生活融入自然整体运行的过程中。[①] 这些朴素的资源养护观多体现在宗教、村规民约中。伴随着工业化、全球化、信息化的蓬勃发展，这种情况正在被改变。

一、海洋渔业资源状况决定了资源养护需求强烈

海洋渔业资源对人类生产、生活有着不可替代的重要意义，这是人类对自然界适应的体现。海洋渔业是人类尊重自然规律的农业生产活动之一。格劳秀斯曾确信海洋渔业资源与太阳光、空气相同，是取之不尽用之不竭的，认为“如果一个人禁止他人在大海捕鱼，他将被指责为特别贪婪”。[②]

现代国际法不再将海洋渔业资源视为取之不尽用之不竭，这主要是由于人类科技的进步，以前那种自由放任地对待海洋渔业资源的态度已经无法适应今天的海洋科技现实。伴随着海洋科技的进步，对海洋渔业资源进行养护的需求日益强烈，这是由以下 3 个方面决定的。

（一）海洋渔业资源不仅供给人类食物还有海洋文化

作为人类食物重要来源之一，渔业资源在粮食和营养安全及经济发展方面发挥至关重要的作用。渔业是目前提供优质动物蛋白的主要行业之一，支持世界人口中 10%以上人们的生计和福利。捕捞渔业与水产养殖业 2010 年全球产量约为 1. 48 亿吨，其中约1. 28 亿

---

① 李茂林，金显仕，唐启升，“试论中国古代渔业的可持续管理和可持续生产”，《农业考古》，2012 第 1 期，第 213-220 页。

② Hugo Grotius, *The Freedom of the Seas, or the Right Which Belongs to the Dutch to take part in the East Indian Trade*, Translated by Ralph Van Deman Magoffin, Introduction by James Brown Scott, Oxford University Press, 1916, reprinted 2001, p. 38.

吨供人类食用。[①] 尽管面临诸多困难，数量还在上升，2011 年捕捞渔业与水产养殖业的总产量为 1.562 亿吨，其中 85%的产品被人类直接食用。[②] 2014 年全球海洋捕捞渔业总产量为 8 150 万吨。[③] 这个数字自 20 世纪 90 年代中期以来，变化不大，这并不是捕捞能力没有增加，而是由海洋渔业资源状况所决定的。

约占地球表面积 71%的海洋，蕴藏着丰富的鱼类和其他经济水产动物，这对人类生存和发展具有不可替代的价值。[④]据统计，2014 年全球共有 5 660 万人在捕捞渔业和水产养殖业初级部门就业，其中 36%为全职就业，23%为兼职，其余为临时性就业或情况不明。[⑤] 海洋渔业资源与沿海社区的经济和福祉休戚相关，海洋渔业资源为社区居民提供了食品安全、就业机会和经济收入，更带来了居民的传统文化属性。[⑥]

海洋渔业资源作为人类生产、生活不可或缺的一部分，为人类发展做出了巨大贡献。然而，从 20 世纪末开始，伴随着人口的爆炸性增长和现代科技的发展，人类对海洋渔业资源的需求也越来越大。根据联合国粮农组织统计，世界渔业捕捞产量从 2000 年的 8 700万吨上升至 2016 年的 9 090 万吨，全球渔民总计从 2000 年的 3 421 万人增加至 2016 年的 4 033 万人；主要的海洋鱼类种群中，处于生物可持续限度内的鱼类种群比例从 1974 年的 90.0%降至

---

① FAO. *FAO Yearbook*: *Fishery and Aquaculture Statistics* 2012. p. 3.

② FAO. *FAO Yearbook*: *Fishery and Aquaculture Statistics* 2011. p. vii.

③ FAO Fisheries and Aquaculture Department, *The State of World Fisheries and Aquaculture* (*SOFIA*) 2016: *Contributing to food security and nutrition for all*, FAO, 2016, p. 4.

④ 陈新军，周应祺，“论渔业资源的可持续利用”，《资源科学》，2001 年第 2 期，第 70-74 页。

⑤ FAO Fisheries and Aquaculture Department, *The State of World Fisheries and Aquaculture* (*SOFIA*) 2016: *Contributing to food security and nutrition for all*, FAO, 2016, p. 5.

⑥ FAO Fisheries and Aquaculture Department. 2011. *Review of the state of world marine fishery resources*. FAO Fisheries and Aquaculture Technical Paper No. 569. Rome. p. 3.

2013年的68.6%，2015年的66.9%，在生物不可持续水平上，捕捞的鱼类种群比例从1974年的10%增加至2015年的33.1%，2016年全球捕捞渔业与水产养殖业总产量达到峰值1.71亿吨。[①]

（二）缺乏适当的养护导致海洋渔业资源面临危机

第二次世界大战结束以来，随着工业技术的迅速发展，渔业技术取得了长足的发展。诞生于渔业资源丰富年代的捕捞技术和方法较少地考虑捕鱼技术对海洋生态系统的影响，严重地破坏了渔业资源，这影响了渔业的行业生存。[②] 促使各国将海洋与渔业问题放到一个更加重要的位置来考虑。与资源衰退相伴的是海洋捕捞业的衰退，这带来了全球治理、海洋经济、生态系统等领域的问题。

技术革命带来了生产进步，第二次世界大战后到20世纪90年代中期，国际水产品总产量持续上升，贸易量达到新的高峰，这种增加既是对海洋渔业资源极限的冲击，更是对人类海洋资源养护能力和水平的挑战。

自然科学研究表明，海洋渔业资源在加速枯竭，海洋生态系统被破坏，海洋生物数量和种类加速减少，这种减少的结果并不能预见；海洋资源崩溃的速度在加快，这会影响人类的粮食安全；生物资源消失的速度预示着到21世纪中叶，全部商业渔业资源将会消失，但这种趋势仍然是可以逆转的。[③]

根据粮农组织的统计报告，过去的40年，世界海洋水产种群状况整体未有好转。粮农组织对商品化鱼类种群的监测表明，在

---

① FAO. *FAO Yearbook*：*Fishery and Aquaculture Statistics* 2018. p. 2，6，8，12，45.

② 丁建乐，“国外可持续捕捞渔业技术新进展”，《渔业现代化》，2012年第5期，第58–62页。

③ Boris Worm，Edward B. Barbier，Nicola Beaumont，et al，“Impacts of Biodiversity Loss on Ocean Ecosystem Services”，314 *Science* 5800，2006，p. 788.

2013年受评估的种群中，58.1%为已完全开发，10.5%为低度开发。属低度开发的种群在1974—2013年一直呈持续减少趋势；与此相应，处于生物学不可持续状态的种群所占比例上升，从1974年的10%上升至2013年的31.4%。2013年，产量最高的10种物种在全球海洋捕捞产量中占比约27%，其中多数种群都已得到完全开发，不再具备增产潜力，其余几个物种正在遭到过度捕捞。①

（三）全球治理的综合性增加了养护海洋渔业资源的难度

2015年9月，联合国可持续发展峰会（即联合国大会第七十届会议）在纽约总部召开，联合国193个成员国在峰会上正式通过了《变革我们的世界：2030年可持续发展议程》。根据这份议程，17个可持续发展目标（Sustainable Development Goals，简称SDGs）包含了海洋渔业的发展目标。其中SDGs14题目为：保护和可持续利用海洋和海洋资源促进可持续发展。② SDGs14.4提出：到2020年，有效规范捕捞活动，终止过度捕捞、非法、未报告、无管制捕捞活动（简称IUU捕捞）以及破坏性捕捞做法，执行科学的管理计划，以便在尽可能短的时间内使鱼群量至少恢复到其生态特征允许的最高可持续产量水平。SDGs14.6涉及了为渔业补贴制定国际规则。

海洋渔业资源领域存在一系列问题，错误不在资源本身，而是需要进行更加有效的治理，拿出有力的资源养护措施来确保海洋渔业资源的可持续性等，这很可能会增加海洋渔业对减轻饥饿、减少贫困的贡献比例。除争取实现联合国千年发展目标之外，国际社会

---

① FAO Fisheries and Aquaculture Department, *The State of World Fisheries and Aquaculture (SOFIA) 2016: Contributing to food security and nutrition for all*, FAO, 2016, p. 6.

② 联合国文件编号：A/RES/70/1。

还在努力应对其他紧迫而复杂的挑战，如经济危机和气候变化的影响等，这些增加了人类管理海洋渔业资源的难度。[①]

2017年6月5—9日，人类首次召开联合国海洋会议。当前海洋的酸性比工业化前时代高出了30%；大型掠食性鱼类种群数量骤减了70%~90%；海洋表面温度持续升高；在一些海域，微型塑料的数量比浮游生物还要多。目前，全球每年超过800万吨塑料被遗弃在海洋，占海洋垃圾的80%。这不仅威胁海洋野生动植物的生存，还会破坏渔业和旅游业，对整个海洋生态系统造成至少80亿美元的损失。这一趋势如果持续下去，预计到2050年，海洋中塑料总重量将超过鱼类总和，全球99%的海鸟都会误食塑料制品。[②]

二、渔业资源养护在《联合国海洋法公约》中的边缘地位

人类很早就意识到海洋渔业资源的重要价值，多次试图用国际法规则来解决国家间渔业资源的争端。在总体成果较小的第一次联合国海洋法会议，1958年《捕鱼及养护公海生物资源公约》的制定算是重要进步，然而此次会议以后海洋渔业资源遭到了前所未有的破坏。在某种程度上，国家间海洋渔业资源的争夺成为渔业资源遭到破坏的推动力之一。

经历了从1958年到1976年3次“鳕鱼战争”（Cod Wars）的英国、冰岛等欧洲国家意识到：国际法规则对于渔业资源分配有着

---

① 八项千年发展目标——从极端贫穷人口比例减半，遏止艾滋病毒/艾滋病的蔓延到普及小学教育，所有目标完成时间是2015年——这些国家和机构已全力以赴来满足全世界最穷人的需求。千年发展目标监测框架可参看 http：//mdgs. un. org。

② 参见联合国文件：A/RES/70/226 联合国支持落实可持续发展目标14：养护和可持续利用海洋和海洋资源促进可持续发展。

决定意义。[①] 国际社会经过了多次讨论，作为持续近十年的第三次联合国海洋法会议的核心成果，1982 年《联合国海洋法公约》（the United Nations Convention on the Law of the Sea）被普遍接受。[②]

（一）顺序上《联合国海洋法公约》对渔业资源先分割后养护

第二次世界大战以后召开的 3 次联合国海洋法会议主要目的是资源分割。[③] 但资源养护已经成为不可回避的问题。《联合国海洋法公约》历史性地认可了建立专属经济区的合法性，并试图主要从专属经济区、公海两个海域来确定海洋渔业资源养护规范。《联合国海洋法公约》的渔业资源养护是建立在资源分割基础上的。

《联合国海洋法公约》将最大比重的海洋渔业资源无偿分配给了沿海国。以海权构成要素[④]的观点来判断，这是一种既不体现效率与公平也不反映各国综合国力以及海上力量对比、近乎理想化的做法。专属经济区制度的确立深刻地影响了国际海洋渔业资源养护

---

① 鳕鱼战争（Cod Wars）的提法在国外学术界、新闻界使用较多，用以指代 20 世纪 50 年代初至 70 年代末冰岛与英国的渔业资源争端。例如：Jóhannesson, G. T., *Troubled Waters. Cod War, Fishing Disputes, and Britain's Fight for the Freedom of the High Seas*, 1948—1964. Thesis submitted in partial fulfillment of the requirements for the degree of Doctor of Philosophy. Queen Mary, University of London: 2004. p. 161. Drainey, N., *Cod Wars payment is 'too little, too late'*, The Times. 6 April 2012.

② 海泓，《联合国海洋法公约》简介，《海洋开发》，1985 年第 2 期，第 67-69 页。

③ 关于三次海洋法会议的目的，有国际法学者认为主要是习惯海洋法的编纂，是已有国际习惯海洋规定的系统化。参见黄异著：《海洋与法律》，（台北）新学林出版公司，2010 年版，第 11 页；邵津主编，国际法（第五版），北京大学出版社/高等教育出版社，2014 年版，第 132 页。然而联合国的新闻机构认为此次会议的主要目的已经不是海洋法的编撰，而是对海洋资源的分享，其内容也证明了这一点。笔者支持资源分割的说法。参见联合国新闻部著，《〈联合国海洋法公约〉评介》，海洋出版社，1986 年版，第 1 页。

④ 根据马汉的《海权论》，影响海权的要素列举如下：（1）地理位置；（2）自然结构，包括与之相关的自然物产与气候；（3）领土范围；（4）人口数量；（5）民族性格；（6）政府的特征，包括其国家机构的特征。参见：[美] 马汉著，欧阳瑾译：《海权论》，中国言实出版社，2015 年版，第 23 页。

制度的发展。总的来说，专属经济区制度的发展趋势是不利于远洋渔业国捕捞作业的。[①] 尽管专属经济区制度已经作为海洋基本制度之一而被普遍接受，专属经济区制度仍然面临着较多挑战，例如专属经济区主张重叠问题[②]、沿海国对专属经济区的“军事活动”管辖权限问题[③]，这些问题模糊不清为海洋渔业资源养护带来了负面影响。

《联合国海洋法公约》是几乎涉及海洋法所有方面的综合性国际公约，在这部公约的制定过程中，专属经济区、大陆架、国际海底区域、群岛国、半闭海等新的概念吸引了较多关注。海洋生物资源养护是在上述概念得到确认后进行的，是典型的先分割后养护，这满足了沿海国扩大管辖范围的要求，也留下了资源养护的难题。

重资源分配而轻资源养护的问题还出现在群岛水域制度上，群岛国的主权及于群岛水域中的渔业资源。尽管群岛水域制度规定了传统捕鱼权制度，但是在没有双边协议的条件下，沿海国的这项权利优先于传统捕鱼权。《联合国海洋法公约》第 51 条 1 款为传统捕鱼权的行使设定了条件：①远洋捕捞国与群岛国间存在的现有协定；②远洋捕捞国与群岛国应为直接相邻国。[④] 这里的资源分配首先考虑的是地理位置与国家主权，符合群岛国的利益诉求，但是让远洋渔业国完全处于不利地位，对从事传统捕鱼活动的渔民是不公平的，对海洋生态系统养护也是不负责任的。

---

① 黄硕琳，“专属经济区制度对我国海洋渔业的影响”，《上海水产大学学报》，1996 年第 3 期，第 182-188 页。

② 袁古洁，“专属经济区划界问题浅析”，《中外法学》，1996 年第 6 期，第 28-32 页。

③ 牟文富，“互动背景下中国对专属经济区内军事活动的政策选择”，《太平洋学报》，2013 年第 11 期，第 45-58 页。

④ 贾宇，“中国在南海的历史性权利”，《中国法学》，2015 年第 3 期，第 179-203 页。

（二）《联合国海洋法公约》延续了《捕鱼与养护公海生物资源公约》的要求

1958年第一次联合国海洋法会议在日内瓦召开，会议通过了《领海与毗连区公约》《大陆架公约》《公海公约》《捕鱼与养护公海生物资源公约》4个公约，简称日内瓦四公约。其中，《捕鱼与养护公海生物资源公约》是专门负责海洋生物资源养护的国际公约，也是较早涉及海洋生物养护的国际公约，已经为养护问题订立了基本的法律框架，这个框架总体上有利于公海捕鱼国。到目前为止，该公约仅有35个成员国，39个签字国。一些当时主要的公海捕鱼国如苏联、日本、韩国、波兰并未参加谈判，也拒绝加入该公约。值得注意的是，美国是《捕鱼与养护公海生物资源公约》的缔约国。

《联合国海洋法公约》签署后，专属经济区制度被普遍接受。《联合国海洋法公约》将海洋生物资源养护的制度延伸到专属经济区制度中，从而形成了《联合国海洋法公约》的基本内容。《联合国海洋法公约》中专属经济区部分涉及生物资源养护的条文共有8条，除了第61条、第62条规定沿海国应决定其专属经济区内生物资源的权利外，其余条款大多是通过特定种群路径以区域渔业管理组织来限制沿海国权利的内容。通过区域渔业管理组织来实现公海渔业治理，是1958年《捕鱼与养护公海生物资源公约》的核心内容。整体而言，《联合国海洋法公约》在养护规范方面延续了1958年《捕鱼与养护公海生物资源公约》的条文框架。[①]

《联合国海洋法公约》中公海生物资源的养护和管理，是对于

---

① 慕亚平，江颖，“从‘公海捕鱼自由’原则的演变看海洋渔业管理制度的发展趋势”，《中国海洋法学评论》，2005年第1期，第82-93页。

传统公海捕鱼自由限制的重要起点之一。[①] 《联合国海洋法公约》中涉及公海生物资源养护的条文共 5 条，除了继续肯定区域渔业管理组织的地位外，国际合作的要求是突出亮点，但没有明确的约束机制。就内容而言，在海洋生物资源养护领域，《联合国海洋法公约》与《捕鱼与养护公海生物资源公约》大体上是一致的。

（三）逻辑上《联合国海洋法公约》将生物资源养护与海洋环境保护区分开来

《联合国海洋法公约》第七部分以生物资源养护为主要内容，并没有涉及海洋生物的栖息地、海洋生物多样性的内容。但在第十二部分，《联合国海洋法公约》明确各国保护和保全海洋环境的义务，在符合其环境政策和维护海洋环境义务的前提下，各国有权开发其自然资源的主权权利。[②] 按照保护海洋环境的要求，各国有义务采取必要措施，保护和保全稀缺或脆弱的生态系统，保护资源衰竭、受威胁或有灭绝危险的物种和其他形式的海洋生物的栖息地。[③]

依据一般逻辑分析，《联合国海洋法公约》第十二部分关于海洋环境保护的规定应适用于公海渔业在内的一切活动，海洋渔业不应该成为海洋环境保护的法外之地。这种观点并不符合实际，《联合国海洋法公约》第 237 条要求因第十二部分海洋环境的保护与保全而订立的国际公约或者协定不得影响公约所载一般原则而订立的协议。从文义解释的角度看，这意味着海洋渔业资源养护措施应具有《联合国海洋法公约》上优先于环境保护与保全的法律地位。

---

① ［意］图利奥·特雷韦，《联合国海洋法公约》，*United Nations Audiovisual Library of International Law*. http：//untreaty. un. org/cod/avl/pdf/ha/uncls/uncls_c. pdf ，访问时间：2017-09-29。

② 《联合国海洋法公约》第 193 条。

③ 《联合国海洋法公约》第 194 条第 5 款。

理论上渔业规范不应具有优先于环境规范的地位。海洋捕鱼活动属于人类传统农业生产，同海洋石油、远洋航运一样会对海洋环境造成污染，应遵守国际环境法的要求。第十二部分也有涉及海洋生物资源的内容，要求缔约国采取措施防止引入新的或者外来物种[1]，这表明应以更广阔的视角来理解“环境”的概念。某一海域生物资源品种与数量的稳定，也应是《联合国海洋法公约》中的“环境”范畴。由于国际法内部没有位阶，环境规则与渔业规则的冲突将长期存在。

三、《联合国海洋法公约》渔业资源养护制度没有解决问题的原因分析

根据 1958 年《捕鱼及养护公海生物资源公约》第 2 条规定：“养护”指所有可使此项资源保持最适当而持久产量，有利于取得食物及其他海产最大供应量之措施之总称。《联合国海洋法公约》中没有关于养护的概念，但促进海洋生物资源的养护是《联合国海洋法公约》的重要目标之一，在其前言部分有明确论述。

《联合国海洋法公约》为海洋渔业资源养护建立了初步的国际法律体系。该体系具体来说有 4 项制度，分别是带状分割（Zonal Cut）、特定种群（Specific Species）、总可捕量（Total Allowable Catch 简称 TAC）与最高持续产量（Maximum Sustainable Yield 简称 MSY）、全面合作（Comprehensive Cooperation）。

《联合国海洋法公约》的渔业资源养护制度并没有产生较好的效果。海洋渔业资源目前处于危险境地，联合国环境规划署《全球环境展望 2008 年度报告》中指出，由于各国对海产品等水产资源的需求不断增长，如不采取有效养护措施，全球可供商业捕捞的渔

---

① 《联合国海洋法公约》第 196 条。

业资源可能在2050年前枯竭。[①]

下面分析《联合国海洋法公约》渔业资源养护制度没有达到养护效果的原因。

（一）以带状分割为基础的养护制度忽视了法律与自然的区别

根据《联合国海洋法公约》的架构，海洋被划分为多个司法管辖区域，这些区域有内水、领海、毗连区、专属经济区、群岛水域、大陆架、公海和国际海底区域。国际法依据海域空间的类别来规制人类在海洋的行为，这常被人们称作带状分割。显然这种带状分割在海洋渔业资源养护中是处于最基础的地位。然而，这种带状分割有着显著缺陷。

带状分割的本质缺陷在于忽视了法律和自然的区别。根据《联合国海洋法公约》的分割规定，除了内水（第38条）和群岛水域（第49条）在制度设计方面考虑到了自然状况，其他带状分割后海域（例如领海、专属经济区）的空间范围只决定于其距离领海基线的远近，沿海国的管辖权大小也依据这个距离来决定，这一规定对于海洋地理状况本身及其渔业资源的自然属性不管不顾。采用距离海岸远近的标准，事实上忽视了海洋生物种类间互动关系，也否定了海洋地理环境不同以及依据不同海洋环境产生的生态条件。这样做的后果是人为制定的司法管辖区域范围与海洋生物养护所需要的范围并不一致，从而带来资源养护的困难。[②] 从这个意义上来说，带状分割制度并不能反映海洋生态体系与其附近海洋环境之间的内在联系。带状分割的海域对于紧密联系的海洋生物资源来说，并不

---

① 联合国环境规划署，《全球环境展望2008》，中国环境科学出版社，2008年版，第185页。

② Juda, L. *Considerations in Developing a Functional Approach to the Governance of Large Marine Ecosystems*. Ocean Development & International Law, 30, 1999, pp. 89-125.

是解决其养护、管理、发展的最佳方案，但是最简单的方式。

《联合国海洋法公约》以最为简洁的方式进行立法，为跨界和高度洄游鱼类的养护工作带来了巨大困难。因为依据自身的特点，上述鱼类并不会遵守人类划定的边界，鱼类和其他海洋生物并不知道海洋已经被带状分割了。在沿海国有管辖权的海域和没有管辖权的海域之间人为划定一条清晰的界限，这种方法对于上述两类渔业资源的养护只能有害。[①]

《联合国海洋法公约》注意到了这个问题，在公约第 63、第 64 条中分别规定了跨界、高度洄游鱼类资源的养护问题。依据上述规定，问题的关键已经变成了如何确保国家间养护措施的连续性。然而，第 63 条并没有给出明确的实质性的指引来解决这个问题，这使得专属经济区相邻的两个国家之间、专属经济区与公海之间的资源养护措施并不相容，同样的问题出现在第 64 条规定的高度洄游鱼类上。另一个亟须解决的问题是，如何在专属经济区与公海之间、专属经济区之间，对高度洄游鱼类和跨界鱼类进行捕捞量分配，第 63、第 64 条并没有对这个问题给出明确的指引。总的来说，第 63、第 64 条的规定过于宏观，缺乏实际操作的可行性。忽视自然规律的法律规则本身就很难执行，《联合国海洋法公约》无法回避这个问题。

（二）以特定种群为中心的养护制度割断了种群间联系

海洋渔业资源养护过程中，居于中心地位的是特定种群养护制度，公约针对不同种群给与了不同的规定，例如第 63 条涉及跨界渔业种群，第 64 条涉及高度洄游鱼类，第 65 条和第 120 条涉及海

---

① Freestone, D. *The Conservation of Marine Ecosystems under International Law*, in Redgwell, C. / Bowman, M. J. (eds.), *International Law and the Conservation of Biological Diversity*, 1996, pp. 94 and 102.

洋哺乳动物，第66条涉及溯河产卵种群，第67条涉及降河产卵鱼种，第68条和第77条涉及定居种。

《联合国海洋法公约》给出的特定种群保护规则事实上是在“海里捞针”。海洋生物之间存在着普遍的联系，特定种群制度的基础性局限是缺乏生态考量，这种方式只是基于某个种群进行个别观察而忽视海洋生物种群之间的内在联系和海洋生物系统本身，简而言之，只见树木不见森林。

大多数海洋物种是依据食物链或者栖息地而紧密联系的，单纯对某一种群进行养护没有生态意义，只能够为短期满足人类的需求考量。过度捕鱼会造成一个特定区域的海洋生态系统整体退化，例如针对食物链顶端物种的捕捞会破坏整个食物链，导致海洋生态系统的变化。因此，海洋生物资源养护与海洋生态系统的内在联系应该成为立法的重要内容。割断种群间联系的立法方式会顾此失彼，带来受保护种群间、受保护种群和未受保护种群间的冲突。

基于选择立法模式的特定种群养护并没有覆盖到所有的需要保护的种类。深海鱼类是非常容易受到渔业活动影响的，深海鱼类具有超长的寿命、极其慢的生长率、成熟期晚和生育率低的特点，一旦遭受破坏，恢复十分困难。这些种群需要特殊保护，然而《联合国海洋法公约》没有相关条款。①

（三）《联合国海洋法公约》重制度设计而轻自然联系

《联合国海洋法公约》的制定不是狭义上编纂习惯法②，而是

---

① Roberts, C. M. *Deep impact: the rising toll of fishing in the deep sea*. Trends in Ecology & Evolution, 17 (2002). pp. 242-245.

② 国际法的编纂狭义上一般是指把现有的国际法规则，特别是习惯法规则加以准确表述和条文化、系统化。参加邵津主编：《国际法（第五版）》，北京大学出版社/高等教育出版社，2014年，第15页。

在编纂的基础上通过谈判修订、补充并创造性地提出了更多的制度设计，例如：专属经济区制度、大陆架制度、群岛水域制度。美国总统杜鲁门1945年提出大陆架的主张[1]后许多国家效仿，1969年国际法院判决北海大陆架案，1977年国际仲裁庭裁决英法大陆架案，大陆架的概念已经获得国际社会的较多承认。智利和秘鲁总统1947年分别提出的200海里专属经济区概念[2]，之后亚非拉各国纷纷宣布自己的主权及于领海基线200海里，联合国开始讨论专属经济区的相关法律问题，这几个概念的部分内容已经成为区域习惯法。

专属经济区、大陆架、群岛水域这些名词来源于地理学概念，由于构建法律制度的需要或者第三次海洋法会议上国家间利益交换的需要，《联合国海洋法公约》的制度设计部分割断了自然联系。首先大陆架，《联合国海洋法公约》规定大陆架不足200海里的，应扩展到200海里的距离。[3] 这就将国际法的大陆架范围超越了地理意义上的大陆架，给了大陆架跨越海槽的合法性，这是对于自然条件的任意切割。其次专属经济区，专属经济区的范围一律不超过200海里，是没有建立在自然科学基础上的任意规定，这样的规定有利于秘鲁和智利的地理特征，而对于西班牙、叙利亚等地中海沿岸或者欧洲国家来说，200海里的专属经济区十分不现实，即使划了界限，海洋生物资源也很难被分割。再次群岛水域，只有群岛国才能划定群岛水域，这一规定并不适用于大陆国家的洋中群岛。[4] 划定群岛水域的方法是对直线基线划法的明确限制，而直线基线本

---

① The Truman Proclamation of September 28, 1945.

② The Presidential Declaration Concerning Continental Shelf of 23 June 1947 (El Mercurio, Santiago de Chile, 29 June 1947) and Presidential Decree No. 781 of 1 August 1947 (El Peruano: Diario Oficial. Vol. 107, No. 1983, 11 August 1947).

③ 《联合国海洋法公约》第76条。

④ 《联合国海洋法公约》第46条。

身存在不合乎自然的内在要求。有学者认为理论上，群岛内的海陆关系是群岛在法律上作为一个整体的核心理由，这种关系体现在地理因素、经济因素、政治因素和历史因素。[①] 划定群岛水域是否需要考虑生物资源要素，在当时的历史条件下没有涉及。

忽视自然联系给海洋渔业资源养护带来了严重问题。鱼类并不清楚人类对于海洋空间的条块分割。人类对海洋空间划分往往是存在争议的，这是严重的制度设计问题。与陆地的情况不同，海洋是一个紧密联系的整体。由于对自然联系的忽视，海洋渔业资源的养护问题变得较从前复杂。很难说《联合国海洋法公约》带来的是资源养护的进步。

（四）沿海国有权决定养护制度中的 TAC 与 MSY

专属经济区制度，在当时最富有争议的制度创新，是第三次联合国海洋法会议的主要成果之一。[②] 据估计，全球 90%可被商业开发的渔业资源位于海岸线 200 海里以内，因此专属经济区的渔业资源养护工作十分重要。《联合国海洋法公约》第 61 条第 2 款给出了沿海国明确的养护义务，要求沿海国必须依据可以获得的最佳的科学证据来采取适当的养护和管理措施，以确保专属经济区的生物资源不被过度开发。专属经济区的渔业资源养护机制有两个重要的概念：总可捕量（TAC）、最高持续产量（MSY）。

《联合国海洋法公约》第 62 条第 2 款规定，沿海国有义务决定其在专属经济区捕捞渔业资源的 TAC，当沿海国没有能力完成整个 TAC，它应该将 TAC 中剩下的部分转让给其他国家，换言之，在专

---

① 傅崐成，郑凡，“群岛的整体性与航行自由——关于中国在南海适用群岛制度的思考”，《上海交通大学学报》（哲学社会科学版），2015 年第 6 期，第 5-13 页。

② 黄硕林，“专属经济区制度对我国海洋渔业的影响”，《上海水产大学学报》，1996 年第 3 期，第 182-188 页。

属经济区内的捕鱼量是由沿海国决定的，其他国家捕鱼的品种、数量都是由沿海国确定。MSY 制度的目的是在不显著影响某一鱼类自我繁殖能力的前提下，制定此鱼类的最大捕捞数量。《联合国海洋法公约》第 61 条第 3 款规定，专属经济区的养护措施必须“包括沿海渔民社区的经济需要和发展中国家的特殊需要”。这样的制度设计并非最佳方案，原因有 4 个：

第一，如何确定 TAC 由沿海国决定。

《联合国海洋法公约》建构这一制度的前提是海洋渔业资源只是受到沿海国的捕捞影响。然而某一种类的鱼的数量不仅受到沿海国的影响还受到其他国家的影响，因为鱼在其他的区域也会被捕获，例如公海等。因此在沿海国决定自己专属经济区内 TAC 的时候必须考虑到自己管辖权以外的捕捞行为，这些行为有可能发生在其他国家的专属经济区以及公海。《联合国海洋法公约》缺乏这样的机制。进一步来说，决定 TAC 的前提是可靠的科学数据。但是搜集和分析的相关数据经常昂贵而且不充分，沿海国中的发展中国家，履行 TAC 认定义务方面存在困难。

第二，是否转让捕捞权由沿海国决定。

在确定 TAC 方面，沿海国有着广泛的自由裁量权，除了不可以以过度开发的方式来破坏渔业资源这一标准外，沿海国可以按照自己的要求设定 TAC，因此人们担心十分必要：沿海国设定的标准没有任何剩余给其他国家来捕获，这样也就免除了它在条约下的法定责任。理论上，可以根据一国的捕捞能力来推论出该沿海国可通过引进外国的资本和技术来捕获 TAC 的数量。

第三，MSY 的确定由沿海国决定。

许多科学家对于 MSY 的合法性提出了质疑，因为 MSY 并不考虑经济目标，更不考虑物种之间的生态关系、物种栖息地的生态环境、特定地区生物量的极限、影响环境的因素等。由于海洋生物之间存在着相互依赖的关系，在进行海洋生物资源的养护过程中，孤立地确定某一物种的 MSY，这样的做法值得商榷。确定 MSY 而采取的行政措施，总的来说是不充分的，不适当的。

第四，涉及 TAC 和 MSY 的争端不适用《联合国海洋法公约》争端解决机制。

总体而言，公约并没有为沿海国在专属经济区养护措施方面提供任何第三方可以介入以检验其合法性的机制。第 297 条第 3 款 a 项规定，任何跟国家主权权利有关的，在专属经济区生物资源方面的争议，包括：确定 TAC 的自由裁量权；捕捞能力；剩余捕捞额度；在海洋生物资源养护与管理方面的法律规定，不适用于公约。依据《联合国海洋法公约》第 15 部分关于强制争端解决机制的规定，如果沿海国之间出现关于专属经济区生物资源养护方面的争议，各方可以诉诸《联合国海洋法公约》附件 5 的协商机制解决。然而，协商委员会仅具有象征性，要服从于《联合国海洋法公约》赋予缔约方的自由裁量权。协商委员会的报告也不具有法律约束力。

（五）将国际合作定位为法定义务但缺乏约束机制

《联合国海洋法公约》将养护渔业资源定位为国际合作义务，是有着明确法律条文规定的。第 61 条（专属经济区生物资源的养护）、第 63 条（跨界鱼类种群）、第 64 条（高度洄游鱼种）、第 65 条（海洋哺乳动物）、第 66 条（溯河产卵种群）、第 67 条（降河产卵鱼种）、第 118 条（公海生物资源的养护）都明确规定了专属经济区各沿海国或者远洋捕捞国有法定义务进行国际合作。《联合国海洋法公约》第 119 条第 2 款要求：各国在具体履行公海生物资源养护方面应进行合作。

除了双边合作外，缔结并参与区域渔业管理渔业组织是重要的合作途径之一。从第 117 条、第 118 条的明确：参与区域渔业管理组织是履行公海渔业资源养护义务的一种方式。区域渔业管理组织在海洋渔业资源养护领域采取了较多措施，取得了不错的业绩。

但《联合国海洋法公约》这些条文没有告诉缔约国应该以何种方式进行国际合作，缔约国怎样的行为是违反了这一义务。第 118 条要求缔约国要通过协商并达成协议，但是《联合国海洋法公约》并没有说协商无法达成协议将如何处置，缔约国将面临怎样的后果。即使是有些国家已经达成了海洋渔业资源养护的协定，这些国家仍然会担心其他国家是否会加入或违反。

《联合国海洋法公约》条文所规定的合作义务由于缺乏约束机制而无法实现。联合国的一项研究指出："对于特定的国际条约或者区域委员会或者分区域委员会制定的备忘录，尽管有些国家不是上述文件的缔约方，依据 1982 年公约规定的国际合作义务，他们仍然要遵守这些规则，除非他们已经依据公约第 119 条的规定采取了适当的措施达到同样的目的。"国际合作义务并不能产生履约义务，不能因此为非缔约方设定有法律约束力的条约限制。

《联合国海洋法公约》条文所规定的合作义务并没有针对违反规定的法律责任条款。这里的合作事实上没有法律约束力，是缔约方基于自愿而为的行为。许多看似强制性的条款由于没有约束力成为了倡导条款，例如：闭海或半闭海沿海国在行使权利和履行义务时应互相合作。为此协调海洋生物资源的管理、养护、勘探和开发，这些国家应尽力直接或通过适当区域组织。[①] 这个规定的本意

① 《联合国海洋法公约》第 123 条。

是促进沿海国的合作，关于半闭海的渔业资源养护的条款对于自然状况不足的地区十分必要，由于缺乏责任追究机制只能认为这些条款具有倡导意义。已经有学者注意到了这个问题，呼吁通过建立区域国际组织来增加法律条文的约束力。①

本章小结

海洋渔业资源对人类具有重要意义，不仅供给人类食物，还提供海洋文化。缺乏适当的养护导致海洋渔业资源面临危机。全球治理的综合性增加了养护海洋渔业资源的难度。海洋渔业资源状况决定了资源养护需求强烈。然而，渔业资源养护在《联合国海洋法公约》中处于边缘地位。《联合国海洋法公约》将海洋划分成不同法律地位的带状区域，通过建立总可捕量（TAC）与最高持续产量（MSY）将渔业资源养护纳入规制范围，通过区域渔业管理组织（RFMO）来落实共同的养护义务。《联合国海洋法公约》的这些制度存在显著缺陷：忽视法律和自然的区别，割断鱼类种群间联系，赋予沿海国决定 TAC 与 MSY 的权力。《联合国海洋法公约》没有适当地满足海洋渔业资源养护的强烈需求，这构成了一个现实的、突出的、紧迫的矛盾。

本章定位

本章系此书开篇之章，阐释海洋渔业资源对人类的重要意义，指出全书需要解决的问题是如何形成的。分析作为海洋宪章的《联

---

① 高之国教授认为：可参照北极理事会等较为成熟的模式，包括会员、观察员、工作组制度的实践和经验，成立“南海合作理事会”，作为南海治理、合作与发展的安全合作机制。信息来源：高之国教授在两个论坛的发言。2015 年 10 月 29 日，国家海洋局海洋发展战略研究所和国家领土主权与海洋权益协同创新中心在武汉组织召开了第三届南海合作与发展国际研讨会。2015 年 11 月 23 日中国南海研究协同创新中心主办的“中国南海研究 2015 年度论坛”。

合国海洋法公约》在海洋渔业资源养护领域的缺陷，为下一章中分析《联合国鱼类种群协定》等治理工具的出台提供铺垫，为后面章节分析渔业资源养护的基本环节、前沿领域等问题提供国际法律基础。

第二章　演变中的养护模式：从政府间模式向机构模式过渡

《联合国海洋法公约》生效后，海洋渔业的资源养护问题不但没有解决，反而有愈演愈烈的趋势。进入21世纪以来，伴随着海洋科技、生物技术的不断发展，气候变化、文化冲突的持续影响，海洋渔业危机在3个层面发生，第一个层面指海洋渔业作为行业的运营、管理方面存在的危机与风险增加；[①] 第二个层面指由于人类行为造成的海洋环境破坏而产生的渔业资源减少、匮乏或者消失而产生的危机；[②] 第三个层面指渔业资源减少的程度已经达到的渔业现状以及由此带来的社会问题、文化道德以及生态失衡等综合现象。[③]

世界自然基金会（WWF）认为全球渔业资源衰退到了极为严重的程度，全球渔业危机（Global Fisheries Crisis）带来的不仅仅是营养问题，更是伦理问题。很多国际组织将第三个层面的渔业危机视为前两个层面危机的综合表现，认为解决渔业危机需要人类更有效率和成果的治理，第二次世界大战后形成的海洋渔业资源养护模

---

① 闵慧男，“借鉴国际经验应对渔业危机”，《中国渔业报》，2005年9月26日第7版。

② 联合国环境规划署：《全球环境展望2008》，中国环境科学出版社，2008年，第185页。

③ Stephen J. Hall , Patrick Dugan, Edward H. Allison, Neil L. Andrew, “The end of the line: Who is most at risk from the crisis in global fisheries? ”, *AMBIO*, Vol. 39, No. 1, 2010, pp. 78-80.

式受到了前所未有的挑战，正经历着深刻而复杂的演变。

人类以怎样的态度对待海洋渔业资源养护模式的演变，这关系到海洋的未来，更是人类的未来。养护模式的演变已经涉及从单个种群的资源养护到实现千年目标；从保护海洋生物多样性到尊重海洋文化传统；从捍卫海洋渔业的贸易公正到维护人类共同的海洋环境利益。[①] 面对日益增加的环境价值诉求与现实挑战，人类需要站在更高的角度来审视当前的治理体系，在发现问题的基础上对海洋渔业资源养护制度进行完善并为建构海洋新秩序而贡献力量。

一、海洋渔业资源养护模式开端于政府间模式

海洋渔业资源养护模式指的是国际社会养护海洋渔业资源的固定式样、基本机制、运行逻辑等。受限于国际政治经济格局，20 世纪 90 年代开端的海洋渔业资源养护模式是政府间模式，以国家间的海洋渔业外交活动为主要决策方式，国际组织的影响力不高，但正在经历着深刻的变革，呈现如下特征。

（一）以《联合国海洋法公约》为养护模式的法律基础

1994 年生效的《联合国海洋法公约》被视为“海洋宪章”。2015 年 1 月 2 日巴勒斯坦国正式加入后，联合国大部分会员国、欧盟已经加入该公约，《联合国海洋法公约》已经获得 167 个国家的批准，只有美国、以色列、秘鲁等国仍没有加入。[②]《联合国海洋法公约》在资源养护领域有 4 项基础制度：分别是带状分割、特定种群、TAC 与 MSY、全面合作，这些被粮农组织、区域渔业管理组

---

① 金永明，《海洋问题专论（第二卷）》，海洋出版社，2012 年，第 26 页。

② 参见联合国官网：http：//www. un. org/depts/los/reference_files/chronological_lists_of_ratifications. htm#The United Nations Convention on the Law of the Sea 访问时间：2018 年 12 月 16 日。

织（RFMO）等机构普遍采用，《联合国海洋法公约》成为海洋渔业资源养护的法律基础。

尽管美国没有加入《联合国海洋法公约》，海洋习惯法在美国法院被作为习惯法适用。[①] 美国主张该公约的部分内容已经成为国际习惯法，美国鼓励其他国家遵守编纂前的海洋习惯法。[②] 美国反对加入该公约是有其政治、经济原因的，2008 年曾经有学者主张美国加入《联合国海洋法公约》，但没有获得支持。[③]

联合国秘书处认为：《联合国海洋法公约》为海洋合作和法律确定性提供了基础，其宗旨的大部分原则规定被广泛认同并形成了国际习惯法。[④] 在联合国框架内推进海洋与国际法的谈判已经成为多数国家、非政府组织（NGO）的共识。《联合国海洋法公约》作为迄今为止最为全面的国际海洋法编纂，在联合国体系的大力支持下，目前仍是海洋渔业资源养护活动的基础规范，有着难以替代的地位。

（二）以粮农组织为养护活动的主要协调机构

粮农组织作为当前海洋渔业的首要管理机构，制定发布了较多的渔业规范。总结起来，粮农组织通过的规范有两类，第一类后来成为条约，第二类后来成为软法。如果粮农组织规范要成为条约需要获得各国批准，才能具有法律约束力。例如：为加强船旗国对其从事公海作业渔船的责任，1993 年 11 月粮农组织 27 届大会审议通

---

① Case U. S. Supreme Court The Paquete Habana, 175 U. S. 677 (1900).

② Presidential Letter of Transmittal of the Law of the Sea Convention, Oct 6, Sen. Treaty Doc. No. 103-39, at iii IV (1994).

③ Jon M. Van Dyke, "U. S. Accession to the Law of the Sea Convention", *Ocean Yearbook Online*, Vol. 22, Iss. 1, 2008, pp. 47-59.

④ 苏丽，《潘基文呼吁共同应对海洋严峻挑战》，中国海洋报，2014 年 6 月 12 日第 4 版。

过了其内设机构渔委会起草的《促进公海渔船遵守国际养护和管理措施的协定》，也被称为《挂旗协定》，该协定已经于 2003 年 4 月 24 日生效。由于《挂旗协定》共 16 条，大部分内容被后来的协议所涵盖，仅有包括欧盟在内共有 35 个国家加入该协定。我国尚未加入该协定，但始终参与了该协定的谈判，并一直严格尊重该协定的相关规定。

除了起草条约文本外，粮农组织更多的时候依靠制定软法、颁布标准、发出倡议来完成海洋渔业的治理任务，实现养护目标。这其中比较知名的是 1995 年 10 月粮农组织通过渔业管理国际指导性文件《负责任渔业行为守则》（以下简称《行为守则》）。《行为守则》共 12 条，要求各国在从事捕捞、养殖、加工、运销、国际贸易和渔业科学研究等活动中应承担相应的责任。与条约承担义务的主体是国家不同，《行为守则》针对的范围广泛，包括粮农组织的成员和非成员、捕鱼实体、分区域、区域和全球性政府或非政府组织以及与养护渔业资源或渔业管理和发展有关的所有人员，尤其是渔业人员以及从事鱼和渔产品加工及销售的人员，以及使用与渔业有关的水生环境的其他人员。①

人类对海洋渔业资源的不断开发，包括鲨鱼在内的许多深海物种面临着过度捕捞所造成的负面影响。2009 年粮农组织出台了具有自愿准则性质的《公海深海渔业管理国际准则》。在此基础上，鉴于印度洋是深海软骨鱼类种类最多但鲜为人知的区域之一，是世界 36%的深海软骨鱼类的栖息地，其中包括 117 种深海鲨鱼、61 种鳐鱼和魟鱼以及 17 种银鲛等，为对深海脆弱物种加以保护，2014 年 5 月 28 日粮农组织发布了一份《印度洋深海软骨鱼类识别指南》，以帮助渔民更好地识别、管理深海软骨鱼类，并作为《公海深海渔

① 《负责任渔业行为守则》第 1、2 条。

业管理国际准则》的一部分来供科学家和渔民参考执行。[1]

（三）以联合国大会为基本养护规范的主要生成路径

依据《联合国宪章》，联合国大会由全体会员国组成，拥有广泛的职权。作为联合国的五大机关之一，联合国大会积极参与海洋渔业的国际治理，多次组织国际会议并通过了大量与海洋渔业直接相关的联大决议。这些决议并不具有国际法约束力，但会对相关国家产生影响，尤其是投了赞成票的国家会支持决议的内容。例如，1989 年联合国大会第 44 届会议通过了《关于禁止在公海使用大型流网的决议》。[2] 我国代表投了赞成票。1991 年联合国大会第 46 届会议通过了《关于大型中上层流网捕鱼及其对世界海洋生物资源影响的决议》。[3] 为了落实该决议，中美两国政府 1992 年 12 月签订了《关于有效合作和执行 1991 年 12 月 20 日联合国大会 46/215 决议的谅解备忘录》。

联合国大会也是制定国际条约的平台。1992 年联合国大会第 47 届会议确定：从 1993 年到 1995 年，召开 6 次关于跨界鱼类种群和高度洄游鱼类种群的国际会议。[4] 作为此次系列会议的成果，1995 年联合国大会出台了《执行 1982 年〈联合国海洋法公约〉有关养护和管理跨界鱼类种群和高度洄游种群之规定的协定》，简称《联合国鱼类种群协定》。该协定于 2001 年生效，2016 年 6 月 16 日阿塞拜疆批准该协定，缔约方达 168 个。我国全程参与协定的谈判，签署但尚未批准该协定。进入 21 世纪以来，联合国大会注意

---

① 信息来自联合国官网：粮农组织发布深海软骨鱼类管理指南 https：//news. un. org/zh/story/2014/05/215372，访问时间：2019 年 3 月 6 日。

② 联合国文件编号：A/RES/44/225。

③ 联合国文件编号：A/RES/46/215。

④ 联合国文件编号：UNGA 47/192。

到了养护国家管辖外海域生物多样性（BBNJ）存在法律空白地带，通过决议启动相关国际谈判，谈判内容与影响将在第九章分析。

（四）以可持续发展为养护活动的最高目标

可持续发展较早地以“理念”的形式出现在海洋渔业资源养护领域，1946 年《国际捕鲸管制公约》在前言中明确提出各国认识到“为了保护鲸类及其后代丰富的天然资源，是全世界各国的利益”。[①] 人类历史上第一份正式提及可持续发展的文件是 1985 年制定的《东盟保护自然和自然资源协定》。[②] 可持续发展成为重要的目标被普遍接受是在《布伦特兰报告》出台后。“满足当代人的需求，且不危机后代人并能满足其需求的发展”，这是《布伦特兰报告》可持续发展的含义。[③] 可持续发展作为联合国的 5 项行动使命之一[④]，长期以来受到较高重视，已经成为联合国大会、安理会的政策目标之一。[⑤]

联合国把确保环境的可持续能力作为 8 项千年目标的重要内容，在联合国召开的多次海洋会议上，海洋渔业的可持续发展问题受到热烈讨论。粮农组织十分重视可持续发展渔业建设，作为联合国的专门机构，其渔业委员会曾经多次讨论并试图给出可持续发展

① 1946 年 12 月签订于美国华盛顿的《国际捕鲸管制公约》（又称为《国际捕鲸公约》）至今依然有效，该公约成为国际捕鲸委员会（International Whaling Commission）设立的法律基础，国际捕鲸委员会设在伦敦。应将该公约与 1986 年生效的《禁止捕鲸公约》区别开来。

② ［荷兰］尼克·斯赫雷弗、汪习根著，黄海滨译：《可持续发展在国际法中的演进：起源、涵义及地位》，社会科学文献出版社，2010 年版，第 198-202 页。

③ World Commission on Environment and Development, *Our Common Future*, Oxford University Press, 1987, p. 43.

④ 联合国的 5 项行动使命依次是维护国际和平与安全、促进可持续发展、保护人权、维护国际法、提供人道主义援助。

⑤ 联合国文件编号：S/RES/1483（2003），8（e）.

渔业的指南。[1] 粮农组织在《挂旗协定》序言中明确了“各国致力保护和可持续地利用公海海洋生物资源的承诺”。

海洋渔业领域的可持续发展目标面临着严重的分歧，对于发展中国家，海洋渔业是战胜贫困的重要途径，资源养护往往让位于沿海居民的生存权益[2]；对于发达国家，部分传统海洋渔业，尤其是远洋渔业，已经成为夕阳产业，海洋渔业的可持续发展往往受到环保组织的影响。由于世界主要渔业国家处于不同的发展阶段，对“可持续发展目标”中的“可持续”与“发展”具体理解有着较大的差别。尽管对于何者优先有着基本的认同，在实践中有着不同的做法，这是国际社会南北矛盾的一部分。

二、海洋渔业资源养护政府间模式取得的成绩评价

以《联合国海洋法公约》为基础建立的海洋渔业资源养护模式在实践中不断自我调整以适用科技的发展，在受到来自环境、政治、经济等方面挑战的同时，取得了初步的成绩，这为海洋渔业的发展做出了积极的贡献。这种贡献主要体现在下面两个方面。

（一）促进了海洋渔业从资源开发型向资源养护型转变

长期以来人类的海洋渔业以资源开发为主。尽管经历了20世纪六七十年代的渔业危机，海洋资源不再被认为是无穷无尽的，资源养护日益受到重视，在人类历史层面上引起普遍重视的资源养护

---

① 陈建，“粮农组织呼吁重视渔业可持续发展”，《经济日报》，2014年6月12日第4版。

② 全球约有12亿人口生活在极端贫困中，占发展中世界总人口的21%，消除极端贫困仍然是许多发展中国家要面对的严峻课题。世界银行强调“实现发展和扶贫的可持续路径就是为子孙后代管理好我们这个星球的资源，然而许多渔业国家并不这样行动。参见：《世界银行2013年报》《FAO渔业与水产养殖业2012年报》。

规则来自于《联合国海洋法公约》。《联合国海洋法公约》没有生效之前，海洋渔业的国际规范主要在资源开发领域，只有少量的国际条约涉及资源养护议题，《联合国海洋法公约》强有力地促进了海洋渔业从资源开发型向资源养护型转变。

《联合国海洋法公约》在渔业领域的突出特征是建立了专属经济区制度，这一制度终结了渔业资源最为富饶的沿海 200 海里的自由捕鱼。专属经济区制度将依据丛林法则而进行的渔业资源开发争夺变为沿海国专属的主权权利，这种主权权利赋予了沿海国有权决定渔业资源的开发方式，也要求沿海国履行渔业资源养护的义务。[①] 在海洋渔业资源划分领域，拥有专属经济区就意味着拥有渔业资源的开发权并承担养护义务，这是确定而毫无争议的。以制度设计来实现海洋渔业资源划分的定纷止争，这是人类文明程度加深的表现。依据专属经济区制度，沿海国可以向海洋渔业资源贫乏的国家出售过剩的捕鱼配额。在渔业政策法规方面，根据可持续发展的理念，沿海国可以设计或者实施自己的渔业资源养护计划、措施等。

以《联合国海洋法公约》为基础的治理体系中，粮农组织、区域渔业管理组织针对渔业生产行为准则、行业标准、特定种群管理等方面进行一定的安排，这种安排集中体现在资源养护领域。尽管由于自身约束力的限制，这些安排中的较多部分没有获得强制执行力，但是代表了海洋渔业资源养护的方向，更为养护模式的演变指明了方向。

（二）终结了传统意义上的公海捕鱼自由

尽管沿袭了 1958 年《公海公约》中关于公海捕鱼自由的国际习惯法原则，1982 年《联合国海洋法公约》中的公海捕鱼自由是

---

① 薛桂芳：《国际渔业法律政策与中国的实践》，中国海洋大学出版社，2008 年，第 15 页。

受到了更多限制的；部分限制来自《联合国海洋法公约》自身，更多的限制来自于海洋渔业资源养护模式。这个模式为公海捕鱼自由时代画上了句号，这是十分必要的。

从捕鱼的方法上，公海捕鱼自由受到限制的情况颇多。以禁止大型流网捕鱼为例，由于大型流网捕鱼会对海洋环境造成较大损坏，1989 年北太平洋渔业委员会的成员国一致同意通过 3 种方式来禁止大型流网作业，取得了较好的效果。这 3 种方式分别是派遣随船观察员、限制渔船数目、划定渔区和捕鱼时间。受到区域渔业管理组织相关行动成功的鼓舞，联合国大会连续 3 年先后通过了关于禁止在公海使用大型流网的决议①。

依据《联合国海洋法公约》建立的特定种群制度主要涉及跨界鱼类和高度洄游鱼类，这是对于公海捕鱼种类的限制。缔约国为此组织了约束特定种群鱼类捕捞行为的国际渔业协作机制，例如中西太平洋高度洄游鱼类养护与管理多边高层会议、南太平洋论坛渔业机构等。这些机制与国际渔业组织相互配合，已经让传统意义的公海捕鱼自由成为历史。

三、区域渔业管理组织已成长为海洋渔业资源养护的主角

海洋渔业资源养护不仅依赖于政府间模式，越来越多海域的沿海国、公海捕鱼国已经组成区域渔业管理组织（RFMOS）来负责渔业资源的养护与管理，这得到了《联合国海洋法公约》的肯定和鼓励。《联合国鱼类种群协定》更是将以区域渔业管理组织为代表

① 1989 年联合国大会第 44 届会议通过了《关于禁止在公海使用大型流网的决议》（A/RES/44/225）。1990 年联合国大会第 45 届会议通过了《大型远洋漂网捕鱼及其对世界海洋生物资源的影响》（A/RES/45/197）。1991 年联合国大会第 46 届会议通过了《大型远洋漂网捕鱼及其对世界海洋生物资源的影响》（A/RES/46/215）。

的机构模式作为唯一的治理模式。

（一）区域渔业管理组织是机构模式海洋渔业资源养护的主要形式

为了实现海洋渔业资源养护，联合国多次召开涉及海洋渔业的专题会议，粮农组织将海洋渔业议题纳入农业（渔业）部长会议，政府间的区域渔业管理组织在全球范围内基本建立。这些为渔业资源养护提供了两种方式，一是以粮农组织为平台的全球协调方式；二是以区域渔业管理组织为主角的机构养护方式。

由于部分海洋渔业资源具有高度的洄游性，或者处于某一特定海域内的共同特征，渔业生产容易在特定区域内发生争议，因此有必要针对鱼类的生长环境、地质状况、气候特征等进行区域治理，区域治理更容易达到理想的治理效果。区域内相关国家的集体行为往往能更好地增进集体福祉，减少域外国家由于政治、经济、文化的干预，将海洋渔业的问题回归本质。

《联合国海洋法公约》生效前后，国际社会纷纷订立各种区域渔业公约以建立区域渔业管理组织，例如：《中白令海峡鳕资源养护与管理公约》《北太平洋溯河性鱼类种群养护公约》等，在其负责海域的渔业协调和管理方面发挥了重要作用。这些区域渔业组织有在以养护和管理某个特殊种群为目标的基础之上建立的，如海豹、鲸鱼、鲑鱼等；也有按照邻近的海洋区域来划分和建立的，如北太平洋渔业委员会（NPFC）、地中海渔业总委员会（GFCM）、东北大西洋渔业委员会（NEAFC）、西北大西洋渔业委员会（NAFO）等。[1]

---

① 王冠雄，《全球化、海洋生态与国际渔业法发展之新趋势》，（台北）秀威资讯科技公司，2011 年，第 10-14 页。

专门养护与管理跨界与高度洄游鱼类的国际组织在治理中有着重要地位。以养护与管理活动较为成功的金枪鱼为例，基于金枪鱼高度洄游特征，人类先后建立了5个国际组织来规范金枪鱼的捕捞活动，基本覆盖全球主要金枪鱼产区。无论是公海，还是专属经济区，金枪鱼捕捞与养护进入国际治理体系内。

5个金枪鱼国际组织，依建立时间的先后分别为：（1）根据1950年生效的《关于建立美洲间热带金枪鱼委员公约》（Convention for the Establishment of the Inter-American Tropical Tuna Commission）建立的美洲间热带金枪鱼委员会（IATTC，Inter-American Tropical Tuna Commission），管理东太平洋；（2）根据1969年生效的《养护大西洋金枪鱼国际公约》（International Convention for the Conservation of Atlantic Tuna）建立的大西洋金枪鱼养护委员会（ICCAT，International Commission for the Conservation of Atlantic Tunas），管理大西洋；（3）根据1994年生效的《南方蓝鳍金枪鱼养护公约》（Convention for the Conservation of Southern Bluefin Tuna）建立的南方蓝鳍金枪鱼养护委员会（CCSBT，Commission for the Conservation of Southern Bluefin Tuna），专门管理南方蓝鳍金枪鱼；（4）根据1996年生效的《关于建立印度洋金枪鱼委员协定》（Agreement for the Establishment of the Indian Ocean Tuna Commission）建立的印度洋金枪鱼委员会（IOTC，Indian Ocean Tuna Commission），管理印度洋；（5）根据2004年生效的《中西太平洋高度洄游鱼类种群养护和管理公约》（Convention on the Conservation and Management of Highly Migratory Fish Stocks in the Western and Central Pacific Ocean）建立的中西太平洋渔业委员会（WCPFC，Western and Central Pacific Fisheries Commission），管理中西太平洋，和IATTC有重叠，不仅仅管理金枪鱼，还管理其他鱼类种群。我国已加

入了除 CCSBT 之外的 4 个委员会。[①]

（二）区域渔业管理组织的养护活动仍然受制于内外因素

区域性渔业管理组织的主要功能是管理相应区域内的海洋渔业资源，为成员国提供渔业管理与政策建议，协调各国渔业管理执行措施，制订可捕捞量、规定渔具和可捕鱼类大小等。由于区域渔业管理组织由不同国家或捕鱼实体所组成，渔业组织内会基于政治、经济、文化甚至宗教的原因形成一定的利益团体，这削弱了区域渔业管理组织职能的发挥，也不利于渔业争端的解决。

区域渔业管理组织目前面临着如下挑战：（1）捕捞能力过剩。5 个金枪鱼区域性渔业管理组织都难以解决捕捞能力过剩的问题。主要原因是捕捞能力仍在增加。发展中岛国一直在寻求机会发展本国的工业渔业，以期在这个海域获得更大的渔业经济利益。（2）由于记录数据的不完整，或出于对数据的保密要求，成员国对国内渔船和远洋渔船的作业数据和历史数据的提供不足，导致区域渔业管理组织无法获得相关的数据用于完善自己的数据。（3）在科学委员会会议上通过的养护与管理措施缺乏有效的监督手段来保证其执行的有效性。例如在海洋保护区方面，按照要求渔船不得在海洋保护区内从事相关捕捞活动。但事实上，许多渔民的捕捞量并没有因为海洋保护区的设立而减少，只是将捕捞船只转移到其他地方继续作业。[②]（4）部分制度设计不合理。①成员资格费相对比例过高；②会费分摊和短期内的年均渔获量关联；③过分考虑历史性渔获量和科学贡献的配额分配方式等。

---

① 乐美龙，“金枪鱼类渔业管理问题的研究之二：金枪鱼渔业区域性管理组织和其管理新趋势”，《中国水产》，2008 年第 5 期，第 26–29 页。

② 沈卉卉，黄硕琳，“中西太平洋金枪鱼渔业管理现状分析”，《上海海洋大学学报》，2014 年第 5 期，第 789–796 页。

（三）区域渔业管理组织为软法养护规范增强约束力

粮农组织颁布的渔业指导、联合国大会的决议在渔业实践中发挥着指引作用，但不具有法律拘束力，这是国际软法的属性决定的。海洋渔业领域的资源养护规范已经开始突破这个限制，通过区域渔业管理组织的措施来约束捕捞者，在养护实践中收到很好的效果。

通过区域渔业管理组织的措施来约束捕捞者，可以减少国际条约谈判中关于敏感议题的争议，让养护目标得以实现。区域渔业管理组织的设立与运行是海洋渔业治理领域的重要成功，既解决了公海捕鱼国与沿海国的部分矛盾，也让曾经尖锐对立的养护立场得以统一。以《联合国鱼类种群协定》为例，其中关于半闭海的规定具有代表性，该条款正式定稿为：各国在闭海或半闭海执行协议时，应考虑到有关闭海或半闭海的自然特征，并应以符合《联合国海洋法公约》第九部分和其他有关规定的方式行事。[①] 谈判之初，这一条款是针对《联合国海洋法公约》第 123 条过于原则且缺乏操作而设立的，谈判结果是新条款内容是第 123 条语意的重复表述。这是因为在《鱼类种群协定》的谈判中，俄罗斯曾提出为“闭海和半闭海”专门设置条款，赋予沿海国在渔业资源养护与管理上更大的权力，该建议遭到包括中国、波兰在内的远洋渔业国反对。[②]

通过区域渔业管理组织的措施来约束捕捞者，可以降低“可持续发展”概念中的模糊性，让养护目标更加明确，容易实现。作为海洋渔业资源养护的目标，可持续发展被给予厚望。然而必须承

---

① 《鱼类种群协定》第 15 条。

② 郑凡，“半闭海视角下的南海海洋问题”，《太平洋学报》，2015 年第 6 期，第 51-60 页。

认：可持续发展在国际法体系中面临着诸多挑战，首先是概念不够清晰，这不是一个仅能反映环境与人权的价值平衡关系的名词，渔业资源养护领域的治理者需要对这一概念的内涵给出具体的回答。区域渔业管理组织正在通过自己的养护措施告诉捕捞者、人类何谓“可持续发展”。其次，可持续发展本身面临着国际法的一体化问题，即如何将发展、环境、人权等国际法内各部相同的演进路线彼此关联，互相协调而成为一体。区域渔业管理组织并没有回避这个议题，正在通过对自己的养护措施来阐释解决国际法碎片化问题的实践之路。

四、海洋渔业资源养护迈向机构模式的影响因素分析

《联合国海洋法公约》重新划分了海洋，各国也随之调整自己的渔业资源管理政策。由于这套治理体系并不成熟，国际社会试图找寻理想模式，让海洋渔业有法可依、有章可循，努力实现渔业资源在养护和开发之间达到新的平衡，促进海洋渔业领域公平与正义的实现，目前呈现出如下 3 个方面的发展趋势。

（一）以生态主义逐步融入养护基础来促进向机构模式迈进

在海洋资源领域，《联合国海洋法公约》的总体思想是先分割后养护。这样的做法反映的是各国，尤其是海洋力量弱小国家的诉求，用增加海洋管辖宽度的做法来保障自己的国家安全。[1] 以资源养护的观点来说，这种做法违反了自然规律。为了解决这一问题，国际社会正在将海洋渔业资源与海洋生物资源等同看待，将《气候变化框架公约》《21 世纪议程》《生物多样性公约》及《濒危野生

---

① 王翰灵，“国际海洋法发展的趋向——纪念我国批准《联合国海洋法公约》十周年”，《中国海洋报》，2006 年 5 月 30 日第 3 版。

动植物种国际贸易公约》等纳入治理体系。问题是这些是为保护海洋环境而制定的，属于生态主义的范畴，而传统的渔业资源相关问题是以国家为中心的，属于国家中心主义的范畴。

生态主义与人本主义有着密切的关系，是为了人类自身利益和整体利益而设计的，有学者认为特定的人本主义本质上是生态主义和自然主义。[①] 海洋渔业资源的养护架构正在朝着生态主义方向发展，这种发展不可避免地会受到国际法治建设的影响或者指导。曾有学者指出：在实现国际法治的过程中要坚持人本主义，防止国家中心主义，这也是国际社会的普遍认识。[②] 那么，海洋渔业资源治理架构中的这种发展趋势符合了国际法治的要求。

对海洋资源养护的历史分析反映出：海洋环境法、生物多样性的国际公约对海洋渔业资源养护规则的发展具有重要意义。以《生物多样性公约》《濒危野生动植物种国际贸易公约》为代表的涉及海洋环境保护的国际公约、国际海事组织推动缔结的多个涉及海洋环境保护的公约正在逐步融入海洋渔业资源养护的治理基础，这些条约不仅在客观上起到了养护渔业资源的作用，而且正在左右着治理体系的发展方向。海洋环境保护、生物多样性与海洋渔业资源养护有着密切联系，很多时候二者密不可分。[③]

（二）全球治理与国际司法机构的融入加快了模式演变的步伐

海洋渔业资源衰退的原因不能仅归咎于养护不力，而多种要素的叠加，这些要素包括了工业化引起的污染、生物多样性降低的影

---

① 邓晓芒，“马克思人本主义的生态主义探源”，《马克思主义与现实》，2009 年第 1 期，第 69-75 页。

② 曾令良，“现代国际法的人本化发展趋势”，《中国社会科学》，2007 年第 1 期，第 89-103 页。

③ 田其云，“关于海洋资源法义务本位的思考关于海洋资源法义务本位的思考——以海洋资源分割与保护为视角”，《学术交流》2005 年第 10 期，第 44-48 页。

响、海洋环境破坏的危害，还有人类行为带来的气候变化、科技进步带来的全球化负面效应等，针对这些要素的一体化解决方案是全球治理。

传统治理体系以国家为中心，无论是联合国大会决议还是粮农组织指引，以及各区域渔业管理组织的指令都是基于国家主权承诺而为的行为。经过近 20 年的运行，治理体系效果不佳，出现的问题，也多与此有关。改变这一状况，国际社会目前正在继续坚持国家治理模式，推进海洋环境领域的治理模式，非政府组织、企业及个人的网络治理模式参与治理不断增加，上述 3 种治理模式相互配合，互为补充，实现多元多层次合作治理。[①]

在全球治理变革的过程中，理想的状态是将海洋渔业资源养护的相关问题区分为政治领域、法律领域和经济领域 3 个部分。对于政治领域的问题，通过政治手段来处理；对于法律领域的问题，通过司法解决争端；值得注意的是，往往政治、法律共同会产生经济问题，这就面临着通过力量对比、实力对抗、谋略与战略或者通过谈判、斡旋、调停来解决问题，抑或是通过确定的标准与尺度来处理问题的选择。例如：冰岛、挪威与欧盟之间持续已久的渔业争端，在当前状况下，当事国家间更多地通过政治协商途径解决。针对海洋治理领域，规则导向的全球治理显著弱于实力导向的政治治理，这是当前海洋渔业资源养护亟待解决的问题。

全球治理变革与国际法治建设紧密联系，渔业资源养护领域也是如此。在国际法治的理论中，良法与善治同等重要，治理的基础需要首先有良法。[②] 海洋渔业资源养护治理体系应该以国际法治为

① 吕晓丽，“全球治理：模式比较与现实选择”，《现代国际关系》，2005 年第 3 期，第 8-13 页。

② 何志鹏，“‘良法’与‘善治’何以同样重要——国际法治标准的审思”，《浙江大学学报》（人文社会科学版），2014 年第 3 期，第 131-149 页。

标准，这就要求尊重国际法治的生态主义要求。从治理体系的内涵要求来说，应该强调和坚持生态主义，变以国家为中心的治理模式为以生态主义为中心的治理模式，通过全球治理来逐步解决问题。全球治理同样意味着海洋渔业争端的司法解决路径在走向繁荣，除了传统的国际法院（ICJ）、国际海洋法法庭（ITLOS）国际仲裁等，世界贸易组织（WTO）似乎对于海洋渔业有特别的偏爱，WTO 争端解决机构关于 GATT 第 20 条（g）款的一系列案，例如“美国海虾案”（DS58）、“美国金枪鱼 II 案”（DS381）、“智利箭鱼案”（DS193）等对资源养护模式产生了深远的影响。

（三）可持续发展目标内涵的清晰化有利于把握模式演变的方向

可持续发展不是人类的终极目标，只是达到目标的路径。目前的治理体系以可持续发展为目标，逻辑上有些牵强。人与自然的和谐共处思想是环境道德与生态伦理所主张的，该思想把法的本质从意志论带回了新的自然法，与我国古代“天人合一”思想存在相同之处。因为人与自然之间存在着一种互惠共生的关系，人类必须尊重并善待自然，按“共同性”的原则办事。①

在《里约环境与发展宣言》认可的诸原则中，以人与自然的和谐共处思想为目标的可持续发展原则处于首要地位。海洋渔业领域更应该重视人与自然的和谐共处思想的地位，避免渔业领域的可持续增长，而生物多样性遭到破坏，海洋环境恶化局面的出现。这涉及治理体系的价值目标问题，必须有适当的价值目标才能找寻到良法，从而实现善治。

海洋渔业资源养护应该是公平的，这种公平包括了地球生存人

---

① 蔡守秋，万劲波，刘澄，“环境法的伦理基础：可持续发展观——兼论‘人与自然和谐共处’的思想”，《武汉大学学报》（社会科学版），2001 年第 4 期，第 389-394 页。

类内部个体、种群、民族之间的公平，也包括这一代人与后代人之间的代际公平，更包括了人与地球其他生物间、地球其他生物之间的公平。公平的含义已经从较小的范围扩大到人类较多的领域，这不仅影响今后国家间的力量对比而产生的政治关系，贸易秩序和生产力再平衡而产生的经济关系，更会影响着人类的心理认知、良知判断、价值衡量。

法律应当把权利放在首位。国际法，尤其是国际海洋渔业规则在价值的再平衡中，应当将人与自然的和谐思想放在首要位置，保护由此产生的权利。为了实现这种权利，治理体系应该由逻辑严密、结构合理、权责明晰、可操作性强、整体性好、可预测性高的规则、原则和制度组成，这也应该是目前的规则需要深入调整的方向。

本章小结

传统的海洋渔业资源养护模式，开端于政府间模式：以《联合国海洋法公约》为治理基础；以粮农组织为主要协调机构；以联合国大会为基本养护规范的主要生成路径；以可持续发展为治理目标。在取得初步成绩的同时，该养护模式存在着突出问题：治理基础不符合自然需求；治理手段缺乏约束力和执行力；可持续发展的目标实现受阻。这些问题已经引起了人类的关注，区域渔业管理组织已经成长为海洋渔业资源养护活动的主角，呈现出较强的生命力，海洋渔业资源养护模式呈现出向机构模式过渡的趋势，主要有 3 个方面：生态主义逐步融入治理基础、全球治理与国际司法机构积极融入和可持续发展目标更加清晰明确。

本章定位

本章宏观分析海洋渔业资源养护模式演变的过去、现在与未来。在承接前章分析《联合国海洋法公约》重要地位和严重不足的基础上，本章阐释《联合国鱼类种群协定》《行为守则》等养护工具的制定与运行，指出区域渔业管理组织的机构权限日益增强，已经成长为养护活动的主角。本章为接下来章节的分析提供了宏观背景与基本信息，同时为解决相关问题提供了有益的思考维度。

第三章　不容回避的冲突：基于生态系统方法的资源养护与渔业生产的国别差异之间的冲突

渔业活动对海洋生态系统产生的不利影响越来越多，这受到人们的关注，在海洋渔业管理中采用生态系统方法成为国际海洋渔业管理的发展趋势。[①]以生态系统方法来推进资源的养护与管理，是当前海洋渔业资源可持续利用的重要途径，也是维持海洋生态系统健康的关键之一。生态系统方法的引入可以缓解当前渔业生产与资源承受能力的突出矛盾，但不能从根本上解决海洋渔业资源养护难题，因为生态系统方法的引入也带来了无法回避的冲突。

一、海洋渔业生产长期存在着国别差异的原因分析

由于人类属于陆生动物，开展海洋渔业活动的背景是以陆地和近海为生活基础的国际社会，国际法较早地注意到了这个问题，例如国家的4个构成要素，陆地是基础。本质上海洋渔业活动是人类陆地经济活动向海洋的延伸，与之相关的养护活动也必须在这样的背景下展开。海洋渔业生产活动总体上是国内农业产业的一部分，是高度区域化和地方化的产业。就生产要素的构成而言，海洋渔业行业国际化程度并不高。海洋渔业生产长期存在着较大的国别差

① 唐议，邹伟红，“海洋渔业对海洋生态系统的影响及其管理的探讨”，《海洋科学》，2009年第3期，第65页。

异。在人类历史中，这是渔业行业的常态。国别差异产生的原因可以从以下 4 个方面认知。

（一）国际社会长期处于无全球政府但有秩序的状态

当前的国际社会是一个由不同国家或者政治实体组成的政治社会。尽管存在着联合国等全球性国际组织，这个地球尚未成功地建立起一个世界政府。[①] 当前的国际社会可以认为处于无政府状态，在国际关系的理论中，无政府状态指的是没有领导者的世界状态，具体指没有普遍的主权或者说世界政府。在这种状态下，没有法律等级制度，没有普遍的强制纠纷解决机制，没有国内法上的权力机构。[②] 在国际关系领域，持理想主义和自由主义观点的学者均认为无政府状态是国际关系理论的基础。与之不同，持建构主义观点的学者认为，无政府状态是国际体系的基础，这种状态是由主权国家的实践活动、互动过程中形成的。[③]

无政府状态意味着在国际社会不存在如国内法一般的法律等级制度和运行机制。国际社会的各行为主体主要基于自己的利益或者判断来考虑参与订立国际公约、参与海洋渔业开发、养护渔业资源等国际活动。作为海洋渔业所处的世界背景，无政府状态将公海渔业养护活动同国家管辖权海域养护活动区分开来，由此决定了二者面临的困难和解决的途径并不相同，也意味着国际社会对海洋渔业的养护比国家对其管辖权海域的养护面临着更多的困难，有着更复杂的问题，需要更为全面的解决方案。

---

① 何志鹏，“国际法治：一个概念的界定”，《政法论坛》，2009 年第 4 期，第 63-81 页。

② Helen Milner, The assumption of anarchy in international relations theory: a critique, Review of International Studies, Vol. 17, No. 1 (Jan., 1991), pp. 67-85.

③ Wendt, Alexander, “Anarchy is what States Make of It: the Social Construction of Power Politics”, *International Organization* 46, No. 2 (Spring 1992): 391-425.

无政府状态并不当然与混乱、动荡甚至冲突的国际关系相关，只是对没有“世界权威”国际秩序的一种呈现。国际关系学者不断地理解过去历史事件以预见世界的发展趋势，已经形成了这一领域的核心概念，例如国家、民族、主权、权力、平衡等。[①] 1648 年《威斯特伐利亚合约》的签订，世俗权威取代了宗教权威；2015 年联合国可持续发展峰会通过了《2030 年可持续发展议程》[②]；国际社会的发展经历了长期的实践，这些核心概念被不断强化，直至今日，仍然在国际关系、国际政治、国际法等学科发挥着重要功能。

道德是人的社会本性在一定经济条件下的反映。法律和道德共同确定权利和义务，彼此关系紧密。由此而共同推动和维护着国际社会的秩序。法制历史上，国际法被理解为人类基本道德的法律化。普芬道夫试图在《自然法与国际法》中构建一个普遍的自然法体系，反驳了霍布斯与斯宾诺萨所做的关于一切人与反对一切人的人类社会自然状态的悲观论述，并认为人类的自然状态是和平。[③] 今天国际社会秩序的维护，道德在国际体系中的作用仍然十分显著。国际社会的一些“决议”“宣言”“行动纲领”和“发展计划”等软法文件就承载着道德力量。而作为国际法渊源之一的“一般法律原则”也包括了“禁止反言”“诚实信用”“一罪不二罚”等很大程度上体现道德的原则。[④]

在国际关系中，各国并不能凭着意志而任意达成协议。国家的行为要受到国际法的约束，尽管国际法的约束力不强，很多违背国

---

① ［美］卡伦·明斯特，伊万·阿雷奎恩–托夫特，潘忠岐译，《国际关系精要（第五版）》，上海人民出版社，2012 年，第 16 页。

② 联合国文件编号：A/RES/70/1，题目为：《改变我们的世界：2030 年可持续发展议程》。

③ 罗国强，“普芬道夫自然法与国际法理论述评”，《浙江大学学报》，2010 年第 4 期，第 128–142 页。

④ 何志鹏，《国际法哲学导论》，社会科学文献出版社，2013 年，第 43 页。

际法的情况在世界上明显地存在，却没有受到惩罚，这是国际法缺乏强制约束机制的表现，并不能就此否定国际社会存在着秩序。国际社会总体上呈现无政府状态的同时，又表现出一定的有序性，因为国际社会的关联性在空间上所表现出来的结构，它的动态性在时间上所表现出来的方向，以及它在功能上表现出来的有限法治、制度、机制、组织与规则，使国际社会具有空间、时间和功能上的有序性质。[①] 曾有学者主张“无政府状态是现代国际法存在的一个必要前提”。[②] 我国学者认为这种说法不十分准确，因为国际关系的许多方面都受到相关原则、规则和制度的制约。[③]

（二）国家间经济发展不平衡带来全球渔业生产的不平衡

国家之间发展不平衡，部分国家经济落后，这其中的原因很多。有殖民历史造成的，也有国内局势动荡产生的，还与国家的地理位置等要素有关。国家之间的发展不平衡突出体现在发达国家与发展中国家的南北差距上，这种差距往往与国际经济秩序（包括国际法规则）有着密切的联系。第二次世界大战结束以来，发展中国家强烈要求彻底改变数百年殖民统治所造成的本民族的积贫积弱，要求彻底改变世界财富国际分配的严重不公，要求更新国际经济立法，建立起公平合理的国际经济新秩序。但这却遭到了在国际社会中为数不多的发达强国即原先殖民主义强国的阻挠和破坏。它们凭借其长期殖民统治和殖民掠夺积累起来的强大经济实力，千方百计地维持和扩大既得利益，维护既定的国际经济立法和国际经济旧秩

---

① 俞正梁，“国际无政府状态辨析”，《外交学院学报》，2002 年第 1 期，第 48-53 页。

② ［美］熊玠，余逊达等译，《无政府状态与世界秩序》，浙江人民出版社，2001 年，第 6 页。

③ 杨泽伟，《国际法析论（第 3 版）》，中国人民大学出版社，2012 年，第 4 页。

序。由于南北实力对比的悬殊，发展中国家共同实现上述正当诉求的进程，可谓步履维艰，进展缓慢。①

海洋渔业领域，这种不平衡同样严重。部分发达国家，例如西班牙、挪威、日本、英国（苏格兰），拥有高水平的海洋渔业科技，捕捞能力强并获得本国政府的高额渔业补贴，传统上属于海洋渔业强国。海洋渔业对于这些国家来说，不仅仅是经济活动，已经成为其文化、政治活动的重要内容。这些国家的海洋渔业正在向着科技型的方向发展，主要任务是解决远洋捕捞渔业如何适应科技化、信息化、人性化的要求，促进并保障可持续发展海洋渔业，而不单是渔获量的多少。

相比之下，部分发展中国家，尤其是部分非洲国家和太平洋岛国，经济基础薄弱，海洋科技落后，远洋捕捞能力弱，不但缺乏渔业补贴还背负着税费负担，企业需要承受着严重的经济压力。海洋渔业成为摆脱贫困、解决温饱的重要手段，海洋渔业甚至成为此类国家的经济支柱。对于这些国家来说，海洋渔业是粮食安全的重要途径之一，增加渔获量有着重要的经济意义。

成立于1979年的太平洋岛国论坛渔业局（Pacific Islands Forum Fisheries Agency）是政府间渔业组织，总部设在所罗门群岛首都霍尼亚拉（Honiara），有17个成员国：澳大利亚、库克群岛、密克罗尼西亚联邦、基里巴斯、斐济、马绍尔群岛、瑙鲁、新西兰、纽埃、帕劳、巴新、萨摩亚、所罗门群岛、汤加、托克劳、图瓦卢及瓦努阿图。该组织的主要职责：在渔业资源可持续发展的前提下，最大限度地帮助成员国开发与养护金枪鱼资源；在《中西太平洋区域渔业公约》的框架内，制定各自的渔业规划；向成员提供国际市

① 陈安，“南南联合自强五十年的国际经济立法反思——从万隆、多哈、坎昆到香港”，《中国法学》，2006年第2期，第85-103页。

场金枪鱼市场信息、管理入渔证配额事项、协调有效执行有关公约和其他安排等。[①]

由于历史、经济、政治、文化等原因造成的这种不平衡，解决起来需要国际社会的共同努力。中国领导人2015年表示，中国将免除最不发达国家、内陆发展中国家、小岛屿发展中国家截至2015年年底到期未还的政府间无息贷款债务。[②] 2014年12月，俄罗斯与乌兹别克斯坦签署相互间金融债权债务解决协议，根据协议，俄罗斯将免除乌兹别克斯坦8.65亿美元债务。[③]

（三）自然、人文、国际法等原因导致渔业资源国别分布不均

如同石油、煤炭、森林等自然资源一样，自然资源地理分布上的不均衡性是自然资源的根本特性之一，海洋渔业资源也不例外。渔业资源在海洋中的分布存在着显著的不均衡特征。海洋生物在海洋的分布主要受3种不同环境梯度的影响：纬度梯度、深度梯度以及从沿岸到开阔水域的梯度，这3种环境梯度的影响是相互联系并经常重叠的。[④] 总体而言，海洋渔业资源的分布受气候、海洋环境和海洋生物习性的制约及人类活动的影响。特定种类的海洋生物资源只在特定海域存在或形成规模，这是生物规律的表现。

渔业资源国别分布不均是由地球的地质状况等自然原因决定的，也与人文学科，例如历史、政治、人文地理等有着重要的联

---

① 信息来自太平洋岛国论坛渔业局官网：https：//www.ffa.int/ 访问时间2019年6月1日。

② 习近平，“携手消除贫困 促进共同发展——在2015减贫与发展高层论坛的主旨演讲”，《人民日报》，2015年10月17日第2版。

③ 信息来自俄罗斯卫星通讯社官网：乌兹别克斯坦总统批准与俄经济合作协议 http：//sputniknews.cn/economics/201503031013989021/，访问时间：2019年6月1日。

④ ［英］R.S.K. 巴恩斯，R.N. 休斯，王珍如等译，《海洋生态学导论》，地质出版社，1990年版，第3-5页。转引自：周立波，“海洋生物资源特性对立法的影响”，《海洋开发与管理》，2009年第6期，第22-28页。

系。资源是对人类有益的物质，即人类生产或者生活资料的天然来源。[①] 渔业资源是海洋生物资源的一种，海洋生物资源除了食用价值，还有着药用价值、艺术价值等。鲨鱼翅、鲸鱼的粪便（龙涎香）、海龟是传统中药材，玳瑁、砗磲也是我国传统文化艺术品的重要材料。部分区域的天主教文化中，海龟是圣物，海龟资源不能被合理利用。在紧密联系的海洋生物链条中，人类活动的长期参与会对资源分布产生一定程度的影响，这是文明多样性的体现，也是海洋文化的特征所在。

《联合国海洋法公约》的生效加重了渔业资源的国别分布不均，这集中体现在专属经济区的划分上。专属经济区汇聚了海洋渔业资源的90%，这些曾经属于公海的区域被无偿划归沿海国管辖和占有。这种资源分配方式并没有体现效率和公平，体现的是地理位置和海岸线状况。南美洲的玻利维亚由于历史原因丧失了海岸线而成为内陆国，其两个邻国秘鲁和智利由于海岸线较长，能够获得更多的海洋渔业资源，这种分配并不合理，但这是必须尊重的现实。

气候变化已经对海洋产生了深远的影响。随着海洋温度升高，部分海洋生物改变了长期遵循着的洄游路线，在更大的空间范围内迁徙，这些生物的捕食者如果还是在原来的位置生存，那将是他们的一场灾难。渔业资源空间分布的改变，对依靠这些生物生存的渔民，意味着收入的改变，或是增加，或是减少。由于海洋吸收了更多的二氧化碳而酸性增加，严重影响到珊瑚类、贝壳类、翼足类海洋生物的生存和繁衍，而这些生物位于海洋生物链的最底端。

以英国和爱尔兰为例，商业捕鱼对于两国社会沿海地区的经济活动有着重要的意义。就目前的监测能力而言，温室气体排放会带

---

① 中国社会科学院语言研究所词典编辑室，《现代汉语词典（第6版）》，商务印书馆，2012年，第1721页。

来气候变化，但气候变化是否导致海洋生态系统的变化，仍然很难证明，这是由于异常天气、工业污染、气候变化对海洋生态系统的作用很难区分。气温上升，鱼类北迁，进入爱尔兰专属经济区，英国（苏格兰）渔民遭受损失。两国间水域的渔业资源会因气候变化而重新分配，这会导致一方渔业生产活动的下降却为另一方渔民创造了机会。同时也会有新的海洋生物资源涌入，应对气候变化和海洋酸化方面，渔业产业面对的问题有：原来的物种减少，也有新的物种增加，会伴随外来生物入侵等问题。①

二、国际法要求海洋渔业资源依据生态系统方法进行养护

关于生态系统方法，学术界没有统一的定义，国内环境法认可较多的观点是：生态系统方法表现为综合生态系统管理。综合生态系统管理是生态系统方法在环境资源管理和环境资源法制建设领域运用的产物，是生态系统方法的集中反映、重要表现和典型代表。②与特定种群的环境治理只关注于某类种群不同，海洋研究中的生态系统方法重点放在海洋生物间的相互作用、生物与栖息环境间的关系、生物群落的生态状况等。以此种观点来理解，生态系统方法可以理解为一种生态意义上的一体化方法，这种方法会在生物资源治理领域产生影响。

---

① William W. L. Cheung, John Pinnegar, Gorka Merino, etc., Review of Climate Change Impacts on Marine Fisheries in the UK and Ireland, Volume 22, *Aquatic Conservation: Marine and Freshwater Ecosystems*, Issue 3, 2012, pp. 389-421.

② 蔡守秋，“论生态系统方法及其在当代国际环境法中的应用”，《法治研究》，2011年第4期，第60-66页。

（一）《联合国海洋法公约》要求养护考虑生态系统要素而非生态系统方法

《联合国海洋法公约》前言部分指出："我们应该注意到海洋作为一个整体来进行治理"，这是人类提出生态系统方法的一个重要的来源。关于《联合国海洋法公约》是否采用生态系统方法来规范养护行为，学术界观点并不一致。本文认为，尽管《联合国海洋法公约》订立的时候已经有生态系统方法作为渔业管理的方式，公约内容中存在生态系统的因素，并不存在独立的生态系统方法。《联合国海洋法公约》的条文尽管概括，仍然不能被解释为环境战略评价、海洋保护区、现代海洋治理的法律基础。这些概念是在《联合国海洋法公约》生效后逐步发展起来的，与区域渔业管理组织、区域海洋协议有关。

《联合国海洋法公约》第119条的内容并没有采用《生物多样性公约》式的生态系统方法，原因如下：第一，《联合国海洋法公约》第119条第1款a、b两项对于公海渔业养护设定了两个不同的目标，a项是针对捕捞鱼种的目标：数量维持在或恢复到能够生产最高持续产量的水平；b项是针对有关联或依赖鱼种的目标：数量维持在或恢复到其繁殖不会受严重威胁的水平以上。[①] 针对有关联或依赖鱼种的养护目标，这在当时是海洋资源养护的新内容，印证了《联合国海洋法公约》资源养护的目的不仅是保障粮食安全。第二，从科学的角度认知，大多数鱼类存在相互关联或依赖的关系，鱼类的栖息地与种群生存有着密切的关系。如果这里的"有关联或依赖鱼种"被解释为海洋生物多样性体系内的各种生物，这属于对规则的扩大解释，与《联合国海洋法公约》的文本含义相去

---

① 《联合国海洋法公约》第119条。

甚远。

（二）《联合国鱼类种群协定》坚持基于生态系统方法进行资源养护

生态系统方法允许适当地利用资源，这种利用必须建立在符合生态原则要求的基础上，必须避免与捕捞鱼种有关联的鱼种减少，使有关联的鱼种能够自我恢复到处于维持该系统的最佳状态。

海洋渔业养护领域首先采用生态系统方法的机构是南极海洋生物资源养护委员会（CCAMLR）。20 世纪 80 年代，南极海洋生物资源养护委员会将生态系统方法的适用范围扩展到了整个南极区域。南印度洋渔业委员会（SIOFA）要求："缔约方应以确保渔业资源长期养护为目标，依据可能获得的最佳证据来决策，要考虑到资源的可持续利用和采用生态系统方法进行管理。"①

海洋渔业养护领域首先采用生态系统方法的全球性条约是《联合国鱼类种群协定》。该协定前言为正文明确生态系统方法做了铺垫："意识到有必要避免对海洋环境造成不利影响，保存生物多样性，维持海洋生态系统的完整，并尽量减少捕鱼作业可能产生长期或不可逆转影响的危险。"《联合国鱼类种群协定》第 5 条 d 款明确：养护海洋生物资源必须采用生态系统方法，要求沿海国和在公海捕鱼的国家应履行合作义务"评估捕鱼、其他人类活动及环境因素对目标种群和属于同一生态系统的物种或从属目标种群或与目标种群相关物种的影响。"②

渔业资源养护实践中，生态系统方法需要海洋科技支撑。尽管有强大的科学委员会支持，但没有哪个区域渔业管理组织在生态系

① 南印度洋渔业协定（The Southern Indian Ocean Fisheries Agreement）第 4 条 1 款。
② 《联合国鱼类种群协定》第 5 条。

统方法领域的实践是成功的。南极海洋生物资源养护委员会的实践证明：从养护资源的角度判断出何为正确的抉择，这并不困难，但将这种抉择转化为具体的养护措施来规制资源开发却十分困难，这主要依靠细节的渔业管理和复杂的海洋生物资源监测体系。

没有完善的监测体系依然可以开展基于生态系统方法的资源养护。南极海洋生物资源养护委员会和美洲国家热带金枪鱼委员会（IATTC）均要求在捕捞普通鱼类、鲨鱼、海龟的时候减少或避免对海豚的捕杀。南极海洋生物资源养护委员会禁止使用深海拖网，东北大西洋渔业委员会（NEAFC）禁止在公海的许多区域使用深海拖网或者其他海底捕捞设施。

三、生态系统方法引起海洋渔业资源养护的深层次变革

现代海洋科学表明，海洋是一个紧密联系的生态系统。这个生态系统目前十分脆弱，与之相关的是海洋渔业资源面临危险的境况，这表面上可归结于国际社会没有采取适当的养护措施。深层次来分析，这是由国际政治分歧、国际经济发展不平衡的基本状况决定的。当前的渔业资源养护制度主要是基于生态系统方法设计的，这带来了深层次的变革要求，主要有以下 4 个方面。

（一）生态系统方法将养护从人类中心主义转向生态中心主义

生态系统方法把法律从原来单调的人类中心主义转向生态中心主义。生态系统方法能够将关于生物资源的法律与其他这些生物所依赖的物质资源条件的法律整合起来。这个整合是复杂的、流动的，而且是相互关联的。生态系统方法代表着环境法的一些原则，它抛弃了原来碎片化的以人的行为为对象的法律规制方式，也抛弃了特定种群的路径依据生态系统方法制定的养护规范，它的目标指向是系统作为整体，这个整体包括了人类活动与自然本身。

生态系统方法通过将人类自身与人类对资源的利用置于决策的中心，来认识到人类自身的责任，为人类提供多维度全面看问题的机会，考虑到系统组成部分间的相互作用与相互依靠，通过社会各部门不同层次的协作配合来找到资源的最佳治理方案。这样的方案意味着妥协，但是从长远来看，这种妥协会让各方均受益。生态系统方法目的在于养护和可持续利用生物资源及其多样性，并努力将这种利用的收益公平分配。

生态系统方法是海洋环境治理的重要方法，但生态系统方法并不意味着与人类中心主义的背离。生态系统方法的本质上不是协调鱼与鱼的关系，而是以法律认可生态的方法来调整人与人的关系。在实现人与自然和谐共处的目标方面，人类的态度、文化以及依据二者而建立起来的制度和法律发挥着至关重要的功能。在前工业化的年代，捕获的鱼类会很快得到补充，生态系统的平衡得以维持。当前的海洋生态系统做不到这一点，科学家预测可供商业捕鱼的海洋渔业资源将于 2048 年枯竭。基于生态系统方法的研究表明，海洋渔业危机需要整个国际社会共同应对。有学者通过实验指出我们正在经历着环境保护理念从自我中心主义到生态中心主义的过渡阶段，只有将公共资源的管理进一步向生态中心主义倾斜，人类才能不仅在道德上而且在其他方面取得进步。①

传统观念认为：渔业资源养护的对象仅限于被捕获的鱼类种群，只要以可持续利用的速率捕捞海洋鱼类种群，渔业资源即可得到养护，养护目标即可实现。生态系统方法破除了这种不切实际的旧观念，养护措施已经延伸到了建立海洋保护区，恢复濒临灭绝的

---

① Katherine Kortenkamp, Colleen Moore, Ecocentrism and Anthropocentrism, Moral Reasoning about Ecological Commons Dillemas, Volume 21, *Journal of Environmental Psychology*, 2001, p. 9.

渔业，养护海洋生物多样性等。海洋渔业资源养护已经将涉及捕捞海洋生态系统的所有外部因素纳入，将渔业行业的利益相关者与普通社会公众的关切紧密相连。

生态系统方法是海洋环境治理的重要方法，存在着法律规范性不足的缺陷。确立生态系统方法的规范性需要考虑经济、政治、文化、科技、社会等多方面因素，这与一国的国家政策有着密切的关系。生态系统的运行本身复杂多变，会因为时间和空间的不同而不同，这让生态系统方法变得难于把握和判断。[①] 由于缺乏准确的数据和分析这些数据的人员，生态系统方法的实践效果受到较大影响。[②] 即使有了数据和人员，由于科学具有不确定性的特征，生态系统方法的有效性和规范性也会受到质疑。[③]

（二）生态系统方法分化着养护措施的利益相关者

利益相关者是指一群人，他们受到了治理活动的影响，他们关注于治理的决策，依靠于资源治理的进行，对于相关的资源有自己的要求。[④] 联合国教科文组织内设机构联合国大学在一次研究中给出了关于海洋利益相关者的研究成果。根据这份报告，海洋主要有两类利益相关者。第一类是海洋作为运输工具的远洋运输从业人员，第二类是从事海洋渔业活动的从业人员。在这两类人员之外，其他类利益相关者指在海洋资源开发方面具有独特技术的人员，也指与海洋有着历史、文化、政治、经济关联因素的人员。具体来

---

① Richard Haeuber, Setting the Environmental Policy Agenda: The Case of Ecosystem Management Natural Resources Journal Vol. 36, Winter 1996, p. 6.

② 联合国文件编号：A/RES/64/72，4. 12. 200，第 2 段。

③ Hanling Wang, Ecosystem Management and Its Application to Large Marine Ecosystems: Science, Law, and Politics, Ocean Development & International Law 25 (2004), p. 56.

④ ［美］爱德华·弗里曼，杰弗里·哈里森，安德鲁·威克斯等，盛亚等译，《利益相关者理论现状与展望》，知识产权出版社，2013 年，第 27-39 页。

说，其他类包括有如下利益相关者：电信公司、石油天然气公司、科研群体、军事群体、药厂和生物技术产业、非政府组织和传统以及原始的部落。[①] 目前海洋利益相关者在环境影响领域的活动在很大程度上缺乏协调，这些人在享受海洋的同时并没有形成分享利益的关系。除了发生重大的环境事件，海洋渔业资源养护规范的设计者、执行者不可能在所有的利益相关者范围内考虑生态系统方法的使用问题。

清晰地勾勒出海洋利益相关者在执行生态系统方法方面的利益、困难以及动机对于推动生态系统方法十分必要。就海洋渔业资源养护而言，利益相关者的要求可能是团体组成的，例如特定区域捕捞特定鱼种的渔民团体；也可能是季节性的，这与渔业生产的季节性密切相关；也可能是地理意义上的，这与海洋生物资源的分布有关。对利益相关者的分析有助于发现生态系统方法的规范性。当然这也会涉及多重目标之间的冲突协调以及如何进行实现平衡。

以生态系统方法来推进海洋渔业资源养护将会分化利益相关者，这主要涉及以下 5 个方面的要素。

第一，科学要素，指资源与资源之间的关系，即在捕捞目标资源的过程中，依据生态系统方法必须养护相关资源，以减少误捕或者造成相关资源栖息地毁坏，这是需要科学证据证明的问题。

第二，经济要素，指人与人之间的关系，如果开发其他资源影响到海洋渔业资源的开发与养护，该如何处理；也包括在某种类海洋渔业资源开发与养护的过程中，如何处理关联渔业人员损失的矛

---

① Salvatore Arico, *Implementing the ecosystem approach in ocean areas*, *with a particular view to open ocean and deep sea environments*: *the importance of analyzing stakeholders and their interests*, in a conference report from the Panel Presentations during the United Nations Open-ended Informal Consultative Process on Oceans and the Law of the Sea (Consultative Process) Seventh meeting, United Nations Headquarters, New York, 12 to 16 June 2006, p. 10.

盾；资源的开发者须接受生态系统方法进行养护，受损者该如何获得经济利益补偿，这需要建立经济刺激机制。

第三，知识要素，指开发这一区域和资源独有的技术以及知识的价值，即由于生态系统方法养护需要一定的科技支撑，例如海龟逃逸装置或者其他的新型环境友好型捕鱼设备，这些技术的研发、推广、使用会形成一定的市场价值，如何在企业的积极性和创造力与渔民、渔业企业的收入之间达成平衡，这对生态系统方法养护的成功至关重要。

第四，市场要素，指经济社会对这种资源的依赖性，这涉及资源可替代问题。如果某种渔业捕捞的水产品市场替代率高，居民对该产品的依赖度低，那么以其他水产品来替代的可能性大，市场替代的方法能将这种捕捞水产品用养殖水产品替代。如果在特定某一地区居民消费中，某种捕捞水产品的市场替代率低，这一地区人口会成为生态系统的重要影响因素。

第五，未知要素，指现在和将来。生态系统方法重要的特征是关注于资源的可持续利用，不仅着眼于现在，更关注将来的资源供给、生态系统养护等。利益相关者的行为对资源有着长远影响。

（三）海洋渔业资源养护的主角在养护实践中忽视国别差异

作为海洋渔业资源养护的主角，区域渔业管理组织有着举足轻重的地位。随着国际社会对生态系统方法养护的普遍重视，区域渔业管理组织不断调整自身养护策略，体现出较强的灵活性，这使得区域渔业管理组织能够较好地适应日益升高的资源养护要求。

1969 年成立的养护大西洋金枪鱼资源国际委员会（简称 ICCAT）是负责养护大西洋金枪鱼资源的区域渔业管理组织。ICCAT 在资源养护的过程中忽视渔业生产的国别差异，以打击 IUU 捕捞活动的名义，禁止了非缔约方船只的捕捞行为，这受到了部分区域渔业管理组织、粮农组织的支持。

2002 年 10 月，该组织成员国在西班牙北部城市毕尔巴鄂（Bilbao）达成协议，共同建立一个针对在大西洋捕捞金枪鱼和剑鱼船只的正式授权制度，俗称“白名单”。① 只有“白名单”上的船只可以进行捕捞作业，否则缔约方港口有权拒绝卸载渔获。“白名单”旨在确保 ICCAT 成员国对其船队实施必要的控制并防止其他船只进行捕捞行动。

与“白名单”相对应，ICCAT 还建立了针对从事 IUU 捕捞活动船只的“黑名单”。尽管非缔约方船只通过更换船旗对列入名单的船只进行重新登记，“黑名单”系统的有效性已被削弱，但它构成了一个基础，允许 ICCAT 通过贸易制裁打击 IUU 捕捞活动。ICCAT 是第一个鼓励对参与 IUU 捕捞活动的非缔约方船旗国实施贸易制裁的区域渔业管理组织。②

（四）海洋渔业资源养护规范中的渔具选择倾向于否定国别差异

《联合国鱼类种群协定》明确规定：为养护与管理跨界鱼类种群和高度洄游鱼类种群，缔约方应采取切实可行的措施，发展与选择对环境无害、成本效益高的渔具和捕鱼技术，以尽量减少污染、废弃物、遗弃渔具所致的资源损耗量、非目标物种的捕获量减少等。③ 船旗国有义务：根据粮农组织《渔船标志与识别标准》等国

① 信息来源自 ICCAT 官网：https：//iccat. int/en/vesselsrecord. asp，访问时间：2017 年 10 月 6 日。

② 信息来源自欧盟委员会新闻稿：The European Commission welcomes the outcome of the Annual Meeting of the International Commission for the Conservation of Atlantic Tuna（ICCAT）（IP/02/1629）Brussels，7 November 2002.

③ 《联合国鱼类种群协定》第 5 条第 f 款。

际公认的渔船与渔具标志系统，在渔船和渔具上做标记，以资识别。[①] 为了保障上述规范的遵守与执行，经检查国授权的检查员有权检查渔船、捕鱼许可、渔具、捕鱼设备、捕鱼记录、渔获以及水产品以及任何必要的证件等。[②]

《负责任渔业行为守则》（以下简称《行为守则》）对于渔具和捕鱼方法做出了详尽规定，要求渔具应按照国家立法作出标志，以便可以识别渔具的所有者，渔具标志要求应当考虑到统一的和国际上承认的渔具标志制度。[③] 各国应与有关的行业团体一起共同鼓励发展和使用可减少遗弃物的技术和作业方法。应当劝阻使用会导致捕捞遗弃渔获物的渔具和捕捞方法，促进采用可增加逃脱捕捞的鱼类生存率的渔具和捕捞方法。应进行合作来发展和应用尽量减少渔具的丢失以及丢失或遗弃的渔具所致的对资源的影响的技术、材料和作业方法。应当确保在某一地区以商业规模采用新渔具、新捕鱼方法和新的作业之前调查对环境的扰乱影响。应当促进研究渔具的环境和社会影响，尤其是研究这类渔具对生物多样性和沿海渔业社区的影响。[④]

针对渔具的选择性，《行为守则》规定：各国应当在切实可行的范围内要求，渔具、捕捞方法和技术应当具有足够的选择性以尽量减少浪费、遗弃物、非目标种的捕获量、对与之相关或从属种的影响，并不得采用技术手段来规避有关条例的规定。在这方面，捕捞者应当进行合作发展具有选择性的渔具和捕捞方法。应当确保向所有捕捞者提供关于新发展和新要求的情况。为了提高选择性，各国在制订法律和条例时应当考虑渔业可以利用的具有选择性的渔

① 《联合国鱼类种群协定》第 18 条第 3（d）款。

② 《联合国鱼类种群协定》第 22 条第 2 款。

③ 《负责任渔业行为守则》第 8.2.4 条。

④ 《负责任渔业行为守则》第 8.4.5 条—第 8.4.8 条。

具、捕捞方法和策略的范围。各国和有关机构应当进行合作来开发渔具选择性、捕捞方法和策略的标准方法的研究。应当鼓励在渔具选择性、捕捞方法和策略、传播这类研究成果和转让技术的研究计划方面进行国际合作。[①]

《行为守则》重视生态系统在渔具选择有着重要意义。作为管理决策的一种手段，各国应当研究渔具的选择性、渔具对目标种群的环境影响以及目标种群和非目标种群对渔具的反应，以期尽量减少不被利用的渔获物，保护生态系统的生物多样性和水生生境。各国应当确保在新渔具进入商业应用之前，应当对其在将要应用的地方的渔业和生态系统的影响进行科学评估，并监测应用这类渔具的影响。[②]

本章小结

海洋渔业生产长期存在着国别差异的原因有：国际社会长期处于无全球政府但有秩序的状态，全球经济发展不平衡带来全球渔业生产的不平衡，自然、人文、国际法、气候变化等原因导致渔业资源国别分布不均。《联合国鱼类种群协定》坚持基于生态系统方法进行海洋渔业资源养护，引起海洋渔业资源养护的深层次变革：将养护从人类中心主义转向生态中心主义，分化着养护措施的利益相关者，区域渔业管理组织在养护实践中忽视国别差异，资源养护规范中的渔具选择倾向于否定国别差异。

本章定位

本章宏观分析海洋渔业资源养护所面临的主要冲突：基于生态

① 《负责任渔业行为守则》第 8. 5 条。

② 《负责任渔业行为守则》第 12. 10 条与第 12. 11 条。

系统方法的资源养护与渔业生产的国别差异。这个冲突也是规则变动的动力所在。在前一章分析养护模式演变的基础上，本章指出这种演变的主要障碍：“共同的资源，分散的渔业”。本章提出了问题（即冲突），但没有给出答案。这是一个宏大的问题，人类对这个问题的细节答案将在接下来六章分别展开，对这个问题总的答案在第十章阐述。

第二篇

海洋渔业资源养护基本环节的国际规则在争议中确立

第四章 捕捞环节：打击IUU捕捞的国际规则在“软法不软”与“硬法不硬”中不断强化

IUU 捕捞是对非法（Illegal）、未报告（Unreported）、不受管制（Unregulated）3 类海洋捕捞活动的总称。有我国学者将 IUU 捕捞翻译为非法捕捞①。IUU 捕捞可能发生在公海、专属经济区、领海、内水等任何水域，各国、各区域渔业管理组织对何为 IUU 捕捞以及应如何处理的态度并不相同。

IUU 捕捞损害渔业资源，已经成为国际问题。IUU 捕捞不仅降低养护措施的效果，而且降低渔业从业人员尊重渔业规范的意愿，损害正常渔业生产所应带来的经济和社会效益。将国际法作为打击 IUU 捕捞的工具，进展缓慢，这其中有诸多要素需要考量，归纳起来主要有如下 3 个方面。

一、将 IUU 捕捞纳入国际法视野并不合理但是可行

1997 年南极海洋生物资源保护委员会（CCAMLR）针对莫氏犬齿南极鱼的非法捕捞行为首次提出 IUU 捕捞的概念，将其界定为：CCAMLR 成员国渔船在公约区域内从事违反公约养护措施的捕捞活动被称为非法捕捞；非公约缔约国渔船在公约区域内从事违反公约

① 郑南，“粮农组织通过有关打击非法捕鱼的国际准则”，《中国海洋报》，2014 年 6 月 17 日第 4 版。

养护措施的捕捞被称为未报告和不受管制。

1999 年 2 月，粮农组织渔业委员会首次将打击 IUU 捕捞列为会议议题但没有明确其含义。此后双边、多边渔业谈判、区域渔业管理组织会议、粮农组织会议上“IUU 捕捞”一词经常出现，几乎成为渔业可持续发展的对立面。

（一）IUU 捕捞是渔业管理的概念并非普遍接受的国际法概念

当前海洋渔业资源的养护与开发主要依靠渔业管理，国际法处于次要、辅助地位。作为渔业管理学概念，IUU 捕捞泛指违反渔业资源养护规范的海洋捕捞活动。“IUU 捕捞”一词进入国际法，含义不变，没有获得区域渔业管理组织认可的渔业捕捞活动可以统称为 IUU 捕捞。

2001 年 3 月粮农组织通过《预防、制止和消除非法、未报告和不受管制捕捞的国际行动计划》（以下简称《打击 IUU 捕捞行动计划》）对 IUU 捕捞进行了定义。[①] 根据这份计划，IUU 捕捞指违反渔业管理规范的非法（Illegal）、未报告（Unreported）、不受管制（Unregulated）3 类海洋捕捞活动的总称，包括国内渔船、外国渔船、无国籍船、悬挂方便旗的渔船，在国家管辖海域和国家管辖外公海从事的捕鱼活动。IUU 捕捞并不是一定违反国际法的行为。IUU 捕捞可分为两种，一种是违法捕捞活动；另一种是不遵守报告或管理规范的捕捞活动。[②]

大多数国家认同打击 IUU 捕捞活动的价值和意义，但是对何谓 IUU 捕捞存在较大争议。部分国家，尤其是美国、欧盟等发达国

---

① 《打击 IUU 捕捞行动计划》第 3 段。

② 《打击 IUU 捕捞行动计划》第 3.4 段。《美国预防、制止和消除 IUU 捕捞国家行动计划》第 4、5 页。

家，以打击 IUU 捕捞的名义要求《联合国鱼类种群协定》非缔约国接受其本国产业所难以承受的渔业资源养护规范，区域渔业管理组织也以打击 IUU 捕捞为名约束非成员方，这些违反了国家主权原则，遭到了部分拉美国家的抵制。

2016 年 6 月 5 日生效的《关于预防、制止和消除非法、未报告和不受管制捕捞的港口国措施协定》（以下简称《港口国措施协定》）是目前唯一的打击 IUU 捕捞活动、生效的国际条约。该协定满足了以强有力的国际法手段打击 IUU 捕捞的要求，将《打击 IUU 捕捞行动计划》的 IUU 捕捞概念直接拿来，作为《港口国措施协定》中的法律概念。[①]

关于何为国际法的“IUU 捕捞”概念，在协定起草时各国代表存在争议。作为一项国际条约，《港口国措施协定》中的 IUU 捕捞应被重新定义；沿用着渔业管理的概念，这是一个错误。强烈支持这份协定的美国谈判代表也认为：《打击 IUU 捕捞行动计划》是一个自愿的、无法律约束力的国际文件，不应当将其关于 IUU 捕捞的概念直接引入《港口国措施协定》中。[②]

渔业管理的 IUU 捕捞概念被直接引入《港口国措施协定》，从法律的角度来看，这是将渔业管理与法律混为一谈。从外交实务的角度来分析，这是对现实外交谈判的妥协。如果不引入这个概念，谈判代表们将会面临何谓“IUU 捕捞”的问题，由于涉及沿海国、公海捕鱼国等多方利益，各方无法就这个问题达成一致，《港口国措施协定》草案就无法实现，更不会在 2016 年 6 月生效。这是谈判各方，尤其是发达国家不愿意看到的。

---

① 《港口国措施协定》第 1 条（e）款。

② 唐建业，“《港口国措施协定》评析”，《中国海洋法学评论：中英文版》，2009 年第 2 期，第 123-139 页。

引入渔业管理的概念到国际条约，对于缔约方来说，有着显著自身利益的考量。缔约国的港口可以依据自身渔业法律来判断何谓“IUU 捕捞”，将国际法无法达成一致的问题交还给国内法，这不失为一种非常恰当的立法方式。港口国为了避免鼓励 IUU 捕捞的指责，一般会将确定 IUU 捕捞的任务交给区域渔业管理组织，这样管理学的概念又回到了管理组织，这是其运行逻辑所在。

（二）IUU 捕捞涵盖面广且包含了为非缔约方设定义务的情形

根据《打击 IUU 捕捞行动计划》的定义，IUU 捕捞的内容广泛，有以下 3 类。

第一类：非法的捕捞，范围明确，操作性强，指本国或外国渔船未经该国许可或违反其法律在该国管辖的水域内进行的捕捞活动；悬挂区域渔业管理组织成员国旗帜进行捕捞活动，但违反该组织通过的而且该国家受其约束的养护和管理措施的；或者违反国家法律或国际义务的捕捞活动，包括违反予以合作的区域渔业管理组织的成员国规定进行的捕捞活动。

第二类：未报告的捕捞重点在“报告”两个字上，意在强调程序上的捕捞许可证制度，这里的报告是实际上的审批制度。未报告的捕捞指违反国家法律未向国家有关当局报告或误报的捕捞活动；或者在区域渔业管理组织主管水域开展的，违反该组织报告程序未予报告或误报的捕捞活动。

第三类：不受管制的捕捞重点在于规制非缔约方或者无船旗的渔船，这是国际法处理此类问题普遍感到棘手的地方，因为国际法的本质在于国家的同意。不受管制的捕捞指无国籍渔船或悬挂非某区域渔业管理组织成员国或捕捞实体旗帜的渔船，在该组织适用水域进行的，不符合或违反该组织的养护和管理措施的捕捞活动；或者在无适用的养护或管理措施的水域或针对有关鱼类资源开展的，而其捕捞方式又不符合各国按照国际法应承担的海洋生物资源养护责任的捕捞活动 。

非缔约方问题是海洋渔业治理中的难题：如果不加治理，缔约方养护资源的努力会被非缔约方的捕捞行为所破坏；如果治理严格，一视同仁，等于否定了渔业生产的国别差异，影响发展中国家的发展权。将国际法视为打击 IUU 捕捞的工具，等于将这 3 类打包要求非缔约方接受，非缔约方面临着完善国内法的要求，例如建立授权制度、完善配额管理机制等；同时也将面临着调整国内渔业产业结构，淘汰落后产能的现实问题。对于大多数发展中国家，这些问题不是短期内能够解决的，因此，不愿意将国际法作为打击 IUU 的利器，而是作为一个参考因素。

IUU 捕捞是国际社会共同关注的问题，各国对打击 IUU 捕捞高度重视。国际社会的共识：打击 IUU 捕捞应当首先基于船旗国的主要责任，并根据国际法采用所有的管辖措施，包括港口国措施、沿海国措施、与市场相关的措施以及确保国民不支持或不从事 IUU 捕捞的措施。

随着环境保护理念的深入和渔业科技的发展，发达国家拥有技术与资金优势，IUU 捕捞的范围将不断扩大，发展中国家面临的压力将是一个长期而持续的过程。由于南北差距在短期内无法改变，打击 IUU 捕捞会成为发达国家打击发展中国家捕鱼业的工具，这是发展中国家不愿意看到的。

当前海洋渔业治理领域的突出问题在于：分散于各国的渔业生产和作为一体的海洋渔业资源之间存在矛盾。打击 IUU 捕捞是发达国家为解决此矛盾开出的药方，国际法是有着强制约束力的行为规范，以国家的同意为基础。发展中国家基于自身利益的考虑，选择少服药或者不服药，发达国家和环保组织希望将海洋整体利益或者人类长远利益放在第一位，希望发展中国家渔业产业能够做出牺牲。发达国家应为发展中国家打击 IUU 捕捞提供技术、资金等方面的支持。

二、打击 IUU 捕捞“软法不软”是对养护需要的尊重

在国际法领域，由于缺乏一个超国家主权国际机构的存在，立法主体与义务主体是同一的；义务是建立在每一个义务方都接受的基础之上的；软法在国际法领域的兴起几乎是必然的。[①] 海洋治理领域缺乏超国家机构，软法的蓬勃发展符合了学理推理，也满足治理要求。

接受较多的观点认为，国际法上的软法是在超越一国辖区的地理范围上订立的，形式、结构、效力尚未法律化的行为准则。[②] 软法是行为规范，存在不同于法律的规范特殊性，这集中体现为不具有法律约束力。国家、企业、行业协会、科研人员、渔业从业人员的认可和执行，是软法的现实生命力。

（一）粮农组织文件成为 MCS 措施打击 IUU 捕捞的有力依据

2000 年粮农组织代表在联合国大会会议作了题为《负责任渔业与 IUU 捕捞：从原则到落实》的报告并发出打击 IUU 捕捞的呼吁。[③] 2001 年 3 月 2 日粮农组织通过了《打击 IUU 捕捞行动计划》。该行动计划要求所有国家制定并采取全面、有效和透明的管理措

---

① 罗豪才，周强，“软法研究的多维思考”，《中国法学》，2013 年第 5 期，第102-111 页。

② 何志鹏，孙璐，“国际软法何以可能：一个以环境为视角的展开”，《当代法学》，2012 年第 1 期，第 36-46 页。

③ 联合国文件编号：A/AC. 259/1。

施，以预防、制止及消除IUU捕捞活动，同时要求各渔业国应于该行动计划通过两年内，制订并实施针对于此的国家行动计划，而且应每4年检讨一次其国家行动计划的开展情况。除了上述原则性规定外，该行动计划还对船旗国的责任、捕鱼许可、渔船登记、港口国措施、沿海国措施、区域渔业组织的权责及有关市场管理措施等做出了明确规定。

粮农组织在联合国大会的报告和《打击IUU捕捞行动计划》对打击IUU捕捞起到了基础作用，为打击IUU捕捞提供了一个内容丰富、功能强大、富于理想主义、符合渔业生产特征的工具箱。

为了让《打击IUU捕捞行动计划》的工具在打击IUU捕捞的过程中更有力量，粮农组织抓住核心问题，认为打击IUU捕捞应首先基于船旗国责任。为此粮农组织在强化治理工具的规范性和影响力方面付出了艰辛的努力，2014年6月粮农组织渔业委员会第31次会议通过《船旗国表现自愿准则》，该准则要求各国加强本国渔船监管，禁止本国渔船从事不可持续发展渔业捕捞活动。船旗国应保存其登记船只的记录以及捕捞授权信息，并将这些信息进行交流，避免为渔船提供方便船旗。该准则的通过意味着全球在打击IUU捕捞方面取得重大进展，将成为未来几十年里打击IUU捕捞的有力工具。①

为了预防、制止和消除IUU捕捞，海洋强国、区域渔业管理组织纷纷制定自身的监测（Monitoring）、控制（Control）和监视（Surveillance）措施（以下简称MCS措施）。MCS措施本质上是依据国内法的渔业执法活动，通过陆地、海上、空中3种方式实现，对海洋渔业活动全面覆盖。陆地的授权捕鱼和信息交流机制容易建

---

① 郑南，“粮农组织通过有关打击非法捕鱼的国际准则”，《中国海洋报》，2014年6月17日第4版。

立和运行，海上巡航与空中巡视的 MCS 措施费用高，执法效果好。

MCS 措施在执行过程中依据或参照粮农组织文件，针对特定海域（公海或本国专属经济区）的海洋渔业违法行为进行识别和处罚。在专属经济区，执法船或飞机依据本国法打击 IUU 捕捞活动；在公海，执法船或飞机与渔业管理组织的配合处罚外国船舶的违法行为。这已经成为打击 IUU 捕捞的有效机制。

（二）自愿遵守的《行为守则》获得硬法支撑来打击 IUU 捕捞

1995 年 10 月粮农组织通过渔业管理文件《负责任渔业行为守则》（以下简称《行为守则》），要求各国从事捕捞、养殖、加工、运销、国际贸易和渔业科学研究等活动，应承担相应责任，呼吁所有的利益相关者，包括学术界、民间社会和私营部门一致认同《行为守则》。

过去 20 年的经验表明，《行为守则》非常成功，因为它抓住了自然养护和发展中国家需要发展和繁荣的本质。尽管《行为守则》是自愿遵守的，越来越多的国家制定符合《行为守则》的渔业立法和政策，欧盟要求水产市场明示其产品的捕捞水域，这是以《行为守则》为依据制定渔业政策的诸多范例之一。[①]

许多区域渔业管理组织的基础条约将《行为守则》作为标准引用。《行为守则》已经成为部分条约法制订过程中的习惯法基础，从而具备了硬法的约束力。在 2010 年以后生效的国际渔业条约，大多以《行为守则》为核心要素。例如：2012 年生效的《南太平洋公海渔业资源养护与管理公约》在引言部分强调《行为守则》

---

① 信息来源自粮农组织官方网站：庆祝粮农组织《负责任渔业行为守则》诞生 20 周年。http：//www.fao.org/news/story/zh/item/335926/icode/，最后访问时间：2017 年 9 月 21 日。

的重要，还在部分条文中明确《行为守则》的适用。[①] 2015 年生效的《北太平洋公海渔业资源养护与管理公约》也在序言中强调《行为守则》的地位，还将《公海深海渔业管理国际准则》纳入养护管理规范。[②] 2016 年生效的《港口国措施协定》在序言中重申《行为守则》的重要，还将部分关于 IUU 的软法内容转化为协定条文。[③]

三、打击 IUU 捕捞“硬法不硬”是对现实的妥协

根据《打击 IUU 捕捞行动计划》和多年的实践，国际社会打击 IUU 捕捞需要“硬法”的支持。“硬法”指正式的法律规范体系，即我们通常说的法律、行政法规、地方法规以及自治条例、单行条例、规章。[④] 国际法中的“硬法”指有着现实约束力的法律规范。作为“软法”的对称，“硬法”赋予国家、非主权行为体等以权利和义务。国际法中的“硬法”有 3 个显著的特征：有着强制约束力、以权利义务为内容、由国家制定或认可。

国际法中的“硬法”并不能对打击 IUU 捕捞提供太多支持，这与国际法自身的局限性紧密相关，主要原因如下。

（一）打击 IUU 捕捞需要从立法、执法两方面发力但国际法力量不足

全球范围内，渔业生产的国别差异巨大。正如在第 3 章所分析的，统一渔业生产并不现实，以生态系统方法为基础的资源养护规

---

① 《南太平洋公海渔业资源养护与管理公约》前言、第 1 条与第 3 条。

② 《北太平洋公海渔业资源养护与管理公约》前言与第 1 条。

③ 《港口国措施协定》前言、第 1 条与第 5 条。

④ 程信和，“硬法、软法与经济法”，《甘肃社会科学》，2007 年第 4 期，第 219-228 页。

范在实践中遇到了诸多阻碍。欧盟是全球区域经济一体化的成功范例，以共同的渔业政策（共同农业政策的组成）为载体，在1997年欧盟委员会曾要求成员国禁止大型流网捕鱼。但欧盟各成员国就是否分阶段禁止大型流网捕鱼，如何有效禁止以及大型流网的尺寸等争议不断。到2007年年底，欧盟全面禁止在地中海和北大西洋范围内使用流网，由于涉及流网的范围、使用方法、例外情况等渔业领域的专业问题，最初没有得到很好的执行。直到2009年，欧盟法院（ECJ）通过判决肯定了欧盟委员会法令的效力，这才终结了法国、意大利长期存在的大型流网捕鱼活动。[①] 根据共同农业政策，欧盟以行政机构（欧盟委员会）来保障渔业政策落实，以欧盟法院来实现法律审查。在这个过程中，立法、行政、司法保障对于渔业资源养护规范的实施至关重要，这3点也正是国际法所缺乏的。

如果效仿欧盟来打击IUU捕捞，国际社会需要在法律和渔业管理层面形成共识，明确何谓可持续发展渔业，被定义为IUU捕捞的捕鱼方式一般还会存在一段时间，主要取决于执法的进程，这与一国的整体法制状况紧密相连。有报告指出，2012年意大利和摩洛哥仍然在地中海进行大型流网捕鱼活动，渔船数量和捕鱼规模显示出欧盟的禁令实际效果不佳。[②] 从欧盟打击IUU捕捞的经验来看，以立法规范水产品，通过市场力量打击IUU捕捞效果明显。只有发挥

---

① Case C-556/07. Judgment of the Court (Third Chamber) of 5 March 2009. Commission of the European Communities v French Republic. Failure of a Member State to fulfil obligations-Common Fisheries Policy - Regulation (EC) No 894/97 -Drift net-Meaning- 'Thonaille' fishing net - Prohibition on the fishing of certain species-Regulations (EEC) No 2847/93 and (EC) No 2371/2002-Lack of an effective system of monitoring to ensure compliance with that prohibition.

② The National Marine Fisheries Service of NOAA, 2012 *Report of the Secretary of Commerce to the Congress of US concerning U. S. Actions Taken on Foreign Large-Scale High Seas Driftnet Fishing*, 2012, p. 14.

市场的引导作用，统一捕鱼方式与标准，规范销售活动，不是依靠行政处罚，才能高水准地解决 IUU 捕捞问题。

在国际渔业技术层面建立统一标准来打击 IUU 捕捞，这种尝试不容易成功，因为这会触及渔业生产的国别差异，各国不会轻易放弃自身渔业利益。打击 IUU 捕捞首先要依靠船旗国的自愿努力，国际合作是打击 IUU 捕捞的基本路径。这与 IUU 捕捞概念的模糊性相关，由于涉及国家间复杂的政治经济文化关系。目前只有《港口国措施协定》这一部生效的国际条约明确打击 IUU 捕捞，关于这个规定的内容，将在下一章专门分析。

国际社会打击 IUU 捕捞活动会遭遇到立法、执法领域的问题，这是国际法短期内不能解决的。在国内法层面，不同国家会针对同一个 IUU 捕捞活动给出不同的制裁措施，有的给予行政处罚，有的给与刑事责任，或者两者都有。一个 IUU 捕捞案件会涉及众多国家的管辖权：船旗国、沿海国、船舶运营公司国、船长国籍国、船员国籍国、IUU 捕捞资金汇入国、进口国、出口国和港口国等。国际刑警组织有权为各国处罚渔业违法活动提供协调，但并不涉及实体问题的认定。① 从事 IUU 捕捞的渔船、船长会根据经验选择最佳的管辖权地来达到规避其他国家法律的目的，从而得以进一步实施违法活动。这暴露出国际法的弱点，也是打击 IUU 捕捞活动的难点所在。在没有国际法层面的立法、执法保障的情况下，打击 IUU 捕捞将会主要依靠国际合作。

① INTERPOL General Secretariat, International Law Enforcement Cooperation in the Fisheries Sector: A Guide for Law Enforcement Practitioners, https://www.interpol.int/content/download/5147/file/Guide to International Law Enforcement Practitioners. Last Visited April 4th, 2019.

（二）在专属经济区打击 IUU 捕捞受制于主权权利

《联合国海洋法公约》将渔业资源最为丰富的区域划归沿海国，定名为专属经济区，这是沿海国取得的重大利益。专属经济区的建立，使许多沿海国面临着一项艰巨的任务，即如何在面积广阔的专属经济区内对外国渔船的捕鱼活动实行监督和控制，如何降低渔业法律规章的管理费用。目前 90% 的 IUU 捕捞活动发生在专属经济区，正如黄硕琳先生在 1996 年所预料的，部分沿海国没能完成好这项艰巨的任务，管控资源、开发资源的能力存在严重问题，迫切需要通过国际合作来解决问题。①

基于生态系统方法养护资源的需要，人类需要对专属经济区范围内破坏渔业资源的 IUU 捕捞活动进行有效打击，以维护脆弱的海洋生态系统。《联合国海洋法公约》规定：沿海国对专属经济区的生物资源拥有主权权利。这要求打击 IUU 捕捞应尊重沿海国的主权权利，几乎等于要求其他国家不能进行资源养护活动。

印度尼西亚渔业资源丰富，是受 IUU 捕捞影响严重的国家之一。进入 21 世纪以来，印度尼西亚已经初步建立了 MCS 措施，采用了生态系统方法的渔业管理，并建立了若干海洋保护区。由于专属经济区范围大（约 616 万平方千米），超过日本，稳居亚洲第一，印度尼西亚的捕捞能力、执法能力十分有限，在打击 IUU 捕捞方面面临着资金、技术、法律等方面的障碍。

2007 年 6 月在巴厘岛，印度尼西亚与其他东南亚国家共同发起了《促进负责任渔业实践包括打击 IUU 捕捞的东南亚区域行动计划》（Regional Plan of Action（RPOA）to Promote Responsible Fishing

---

① 黄硕琳，“专属经济区制度对我国海洋渔业的影响”，《上海水产大学学报》，1996 第 3 期：第 182-188 页。

Practices including Combating IUU Fishing in the Southeast Asia Region)（简称《打击 IUU 捕捞东南亚行动计划》）。根据该行动计划，设立了渔业管理协调委员会和秘书处两个常设机构。此外，11国还通过召开年度会议的方式协调渔业管理，集中打击 IUU 捕捞活动。凭借此行动计划，印度尼西亚在过去的十年，打击 IUU 捕捞活动取得显著成绩，体现为：将非法捕鱼渔船炸沉，评估合法渔具尺寸，通过《港口国措施协定》，处理违法违规渔船等。①

对专属经济区广阔、养护能力低下、海洋执法能力落后的国家来说，发生在其专属经济区的 IUU 捕捞活动是资源盗窃行为，海洋强国给予适当的援助十分必要，这带来的是整个海洋生态系统的改善。2017 年美国国际开发署和印度尼西亚社会渔业基金会（MDPI）签署协议，开发一个新系统来促进印度尼西亚的可持续渔业和保护海洋生物多样性，并计划专注于金枪鱼供应链。②

对非欧盟成员国在其专属经济区内没有采取有效措施打击 IUU 捕捞，欧盟通过贸易手段要求该国打击 IUU 捕捞，打击 IUU 捕捞活动不力的国家水产品将会被拒绝进入欧盟市场。越南水产加工与出口商协会（VASEP）报告显示，从 2006 年起，越南跻身世界十大水产品出口国，2017 年越南水产品出口首次突破 80 亿美元大关，其中，每年越南对欧盟水产品出口额达 19 亿~20 亿美元。欧盟在 2015 年对越南渔业水产品发出黄牌警告后，越南迅速采取措施，越南政府总理颁布《打击 IUU 捕捞活动的国家行动计划》，越南国会

---

① Report of Turman Hardianto Maha, the Head Subdivision Surveillance Distribution Fishing Products, Directorate General of Marine & Fisheries Resources Surveillance of Indonesia. http://www.rpoaiuu.org/the-9th-rpoa-iuu-coordination-committee/ Last visited 20190606.

② 熊敏思摘译，"美国联合印尼共同打击 IUU 捕捞-未来合作将专注于金枪鱼供应链"，《渔业信息与战略》，2017 年第 4 期，第 315-316 页。

也通过《渔业法（修正案）》，涵盖打击 IUU 捕捞活动的规定。①

欧盟将打击 IUU 捕捞作为其渔业贸易政策的一部分，要求相关国家接受欧盟的建议，这有利于相关国家专属经济区的资源养护。从 2012 年开始，欧盟已将几内亚、伯利兹和柬埔寨这 3 个国家确定为“打击 IUU 捕捞不合作”的国家。这 3 个国家的出口水产品将不再被允许进入欧盟境内，悬挂上述 3 个国家国旗的渔船也不允许再到欧盟水域从事捕捞作业。2014 年 7 月欧盟向菲律宾、巴布亚新几内亚发出“打击 IUU 捕捞不合作”的黄牌警告。②

2015 年 10 月欧盟以“打击 IUU 捕捞不合作”为由对非洲国家科摩罗发出黄牌警告。科摩罗一家位于境外的私营企业船队已部分委托给所在国政府登记管理，但这个捕捞船队的一系列非法经营仍违反了科摩罗的渔业法律，并且未受到科摩罗当局的严格监控。欧盟认为，科摩罗当局的渔业法律框架存在明显的缺陷，该国对于渔业资源的监管、控制乃至对非法渔船的监督和制裁等几乎都无章可循。③

（三）在公海打击 IUU 捕捞受制于船旗国管辖

公海的情况不同于专属经济区，根据《联合国海洋法公约》的规定和海洋实践，公海渔船活动主要依靠船旗国管辖。在已经建立

---

① 越南通讯社：越南在解决 IUU 所作出的努力将成为东盟成员国的典范。https：//zh. vietnamplus. vn/越南在解决 iuu 所作出的努力将成为东盟成员国的典范/80067. vnp，访问时间 2019 年 6 月 10 日。

② 中国海洋食品网：欧盟因菲律宾、巴布亚新几内亚打击“IUU 非法捕捞”不合作黄牌警告。http：//www. oeofo. com/news/201407/01/list68415. html，访问时间 2019 年 6 月 1 日。

③ 非营利组织（Stop Illegal Fishing）网站、水产养殖网（中国）：https：//stopillegalfishing. com/press-links/european-commission-warns-taiwan-comoros-with-yellow-cards/http：//www. shuichan. cc/news_view-261522. html，访问时间：2019 年 6 月 3 日。

区域渔业管理组织的公海海域，这些组织依据成员国管辖共享机制对成员国渔船行使管辖权。一般认为根据条约相对效力原则，区域渔业管理组织对于非缔约方的渔船没有管辖权，但实践中渔业管理组织并没有放弃对非缔约方渔船从事 IUU 捕捞的管理。

传统理论认为：船旗国管辖指船旗国对其在公海上航行的船舶以及船舶上的人和事物享有排他的管辖权，《联合国海洋法公约》第 92 条肯定了这个理论。[①] 但越来越多的人意识到，渔船不同于军舰、客轮、货轮、邮轮等，渔船只是用于捕鱼的机器，不应被视为浮动领土。捕捞渔船应该受到国际法单独的关注，建立一套独立的管辖权制度，这样才能避免"公地悲剧"的发生。海洋科技进步，人类国际法文明应有适当的跟进。

船旗国管辖正在被突破，途径之一是联大决议的授权，美国已经修改其养护与管理海洋渔业资源的基本法《马格纳森·史蒂文斯法案》[②]，授予海洋执法部门权限打击 IUU 捕捞活动。[③] 为了落实联合国大会决议，美国已经制定《公海暂停流网捕鱼保护法》[④]。这些法律要求美国两年 1 次来评估从事 IUU 捕捞渔船的名单和这些国家打击 IUU 捕捞活动的现状与前景，由美国国务院与国家海洋渔业局合作来执行这些规定。

船旗国管辖正在被突破，途径之二是通过"软法"活动让更多的国家主动参与到海洋渔业治理机制中，这些国家逐步主动放弃船旗国管辖主张。为打击 IUU 捕捞，美国还试图通过建立"全球社区"活动来实现。2015 年美国倡导并举办了主题为"我们的海洋会议（Our Ocean Conference）"，会上启动的安全海洋网络（the

---

① 白桂梅，《国际法（第三版）》，北京大学出版社，2015 年，第 402 页。

② Magnuson-Stevens Fishery Conservation and Management Act（16 U.S.C. 1802）.

③ §1538. Prohibited acts（16 USC 1538）.

④ High Seas Driftnet Fisheries Enforcement Act（16 USC 1826a）.

Safe Ocean Network）项目。该项目旨在建立一个全球社区，通过强化侦查、执法和诉讼来加强合作打击 IUU 捕捞的各个方面。

船旗国管辖正在被突破，途径之三是通过粮农组织的努力。为打击 IUU 捕捞，破除船旗国管辖的障碍，美国正在通过粮农组织推动部分国家接受一个名为“捕捞渔船，冷藏运输船和供应船全球记录（Global Record）”的创新实验项目，简称全球记录项目。全球记录项目旨在提供一种有效的工具来预防、制止和消除 IUU 捕鱼及相关活动。全球记录项目的核心部分是提供独特的船只标识，让执法者能够有效地协调、追踪金枪鱼等高价值鱼类贸易的细节，对于执行《港口国措施协定》，有效跟踪渔船发挥作用。

本章小结

IUU 捕捞是渔业管理概念而非普遍接受的国际法概念。打击 IUU 捕捞存在适用面过于宽泛，为非缔约方设定义务的情况。当前打击 IUU 捕捞呈现出“软法不软、硬法不硬、软硬结合”的局面。“软法不软”指：粮农组织文件成为海洋强国 MCS 措施打击 IUU 捕捞的有力依据，自愿遵守的《行为守则》获得硬法支撑来打击 IUU 捕捞。“硬法不硬”指：打击 IUU 捕捞需要从立法、执法两方面发力但国际法力量不足，在专属经济区打击 IUU 捕捞受制于主权权利，在公海打击 IUU 捕捞受制于船旗国管辖。

本章定位

本章定位于以打击 IUU 捕捞活动为主线研究海洋渔业捕捞活动的国际规则变动。由于后面章节也涉及打击 IUU 捕捞活动，本章为后面章节（运输环节、销售环节、渔业补贴、水产品标签）的分析论证提供铺垫。

第五章　运输环节：以港口国措施来保障渔业资源养护正在被接受

港口，是陆地与海洋联系之纽带，也是海洋活动咽喉之所在。海洋活动离不开港口。相较于空中或者海上执法，通过港口来监管海洋活动有着经济成本低而成果显著的特征，规范海洋活动多以港口为关键环节。国内法如此，国际法也不例外，港口国措施的重要性由此而来。

一、《港口国措施协定》是第一个以打击 IUU 捕捞为目标的国际条约

鉴于 IUU 捕捞会损害鱼类种群、海洋生态系统以及合法渔民生计，给全球粮食安全造成严重不利影响。港口国有必要通过港口国措施来打击 IUU 捕捞。

（一）《港口国措施协定》由粮农组织起草并获得多国支持

各国港口措施的不一致造成了渔船选择港口，在市场条件相同的条件下，渔船多倾向于选择资源养护标准低的港口进行补给或者卸载渔获，从而引发港口间争夺渔船的竞争。这种竞争的结果十分有害，养护渔业资源要求低的港口胜出，侵蚀了所有国家的养护成果。如果某一海域的沿海国或者全球的大部分海域制定了统一的港口渔获卸载标准，渔船选择港口的情况将大为减少或不会发生。

为了避免港口间的不正当竞争，沿海国之间需要就港口的渔业作业达成一致，或共同遵守特定区域渔业管理组织的要求。学者将沿海国基于港口的优势地位针对海洋渔业生产颁布的措施称为港口国措施。如同其他渔业措施一样，港口国措施经历了从国内法为主到国际法为主的阶段，从软法到硬法的过程。以港口国措施来养护渔业资源，这种方式正在被越来越多的国家所接受。

在《港口国措施协定》没有制定之前，联合国大会、粮农组织及其渔业委员会已经充分意识到 IUU 捕捞的危害。2001 年粮农组织颁布的《预防、制止和消除 IUU 捕捞国际行动计划》中明确了港口国措施的关键地位。在 2001 年行动计划的基础上，粮农组织 2005 年颁布《关于港口国打击 IUU 捕捞的措施样本计划》认为，港口国措施是打击 IUU 捕捞的一个有效手段。

伴随着行动计划的落实推进，各国意识到十分有必要制定一项关于港口国措施的有约束力的国际文书，《港口国措施协定》（PSMA）应运而生。根据国际法的主权原则，国家对位于其领土的港口行使主权时，可采取更为严格的措施，《港口国措施协定》给出的是最低标准。

就实体而言，制订《港口国措施协定》的依据有：1982 年《联合国海洋法公约》、1995 年《联合国鱼类种群协定》、1993 年《挂旗协定》、1995 年粮农组织《行为守则》。这是一个软法与硬法的混合体。

就程序而言，制订《港口国措施协定》的依据是《粮农组织章程》第 14 条第 1 款，粮农组织大会有权根据 2/3 的多数票和按照大会所采纳的规则，通过关于粮农问题的公约和协定并提交成员国。《港口国措施协定》是在粮农组织框架内签订的一项国际协定，也是粮农组织倡导的一份国际协定。

该协定的制定历程不长，2009 年 11 月 22 日粮农组织大会第 36 届会议在意大利罗马召开，批准该协议供各国签署。《港口国措施协定》第 29 条要求，协定需要 25 个缔约国签署并批准该协议 1 个月后生效。2016 年 6 月 5 日《港口国措施协定》正式生效。《港口国措施协定》的缔约方增长迅速，截至 2019 年 3 月，除欧盟作为单一缔约方外，美国、俄罗斯、加拿大、澳大利亚、韩国、泰国、越南等 59 个国家已经加入该协定。

（二）《港口国措施协定》的目标在于打击 IUU 捕捞并不涉及其他

就内容而言，《港口国措施协定》以打击 IUU 捕捞为明确目标，有许多突破性的规定，代表着海洋渔业国际规则变动的新动向，值得我国高度重视。

《港口国措施协定》第 2 条明确，协定的目标是通过有效实施港口国措施，预防、制止和消除 IUU 捕捞，确保对海洋生物资源和海洋生态系统的长期养护和可持续利用。“IUU 捕捞”是指在 2001 年粮农组织《预防、制止和消除非法、未报告和不受管制捕鱼国际行动计划》第 3 段中确定的活动。《港口国措施协定》应适用于在海上进行的 IUU 捕捞活动，以及为支持此类捕捞的相关活动。

《港口国措施协定》极力撇清自己与其他国际法问题的关系，第 4 条规定：本协定不得损害各缔约方按照国际法享有的权利、权限和责任。特别是，本协定不得解释为影响：① 缔约方对其内陆水域、群岛和领水的主权或其大陆架和专属经济区的主权权利；② 缔约方根据国际法对其领土内港口行使主权权利，包括拒绝船舶入港的权利以及采用比本协定规定的措施更为严格的港口国措施，包括根据区域渔业管理组织的决定采取的措施。

《港口国措施协定》还极力撇清自己与区域渔业管理组织的关

系，第 4 条要求：应用本协定并不意味着缔约方因此须遵守或认可其并未加入的区域渔业管理组织所通过的措施或决定；在任何情况下，缔约方均无义务根据本协定执行某区域渔业管理组织制定的与国际法不相符的措施和决定。

《港口国措施协定》还特别展现自己对发展中国家特别要求的尊重，第 21 条共 6 款规定：①各缔约方应直接或通过粮农组织或联合国其他专门机构及其他适当国际组织和机构，包括区域渔业管理组织，向发展中国家缔约方提供援助；②与发展中国家缔约方或在发展中国家缔约方间开展合作，可包括利用双边、多边和区域渠道，包括南南合作，提供技术和财政援助；③缔约方应当成立一个特设工作组，定期向各缔约方就几方面工作提交报告和建议，即建立包括捐助计划在内的供资机制，确定和筹集资金，为指导实施工作制定标准和程序，以及实施供资机制的进展情况。

（三）《港口国措施协定》适用于从事捕鱼或捕鱼相关活动的所有船只

《港口国措施协定》第 1 条规定了在本协定中术语的使用，“捕鱼”是指搜寻、吸引、定位、捕获、取得或收获鱼品的活动，或从事可以合理预期对鱼类进行吸引、定位、捕获、取得或收获的任何活动；“捕鱼相关活动”是指对捕鱼给予支持或作准备的所有作业，包括先前未在港口卸载的鱼品的卸货、包装、加工、转运或运输作业，以及提供人力、燃油、渔具和其他海上物资。

相较于之前颁布的《联合国鱼类种群协定》等，《港口国措施协定》中的“港口”“船舶”等概念在外延上均有大幅度扩展。“港口”不限于“渔港”，而是用于卸货、转运、包装、加工、加油或物资补给的近岸码头和其他设施；“船舶”更不再考虑船舶的直接用途或者船舶长度，是指用于、装备用于或意欲用于捕鱼或捕鱼相关活动的所有大小船只。

《港口国措施协定》有着适用范围广的特征。《港口国措施协定》第3条要求：每一缔约方作为港口国应当对意欲进入其港口或已在其港口停泊、无权悬挂其旗帜的船舶适用本协定，但以下船舶除外：①邻国为生存从事手工捕鱼的船舶，条件是该港口国和该船旗国进行合作以确保这些船舶不从事IUU捕捞或支持此类捕鱼的捕鱼相关活动；②未装运鱼品，或如果装运鱼品，仅装运曾卸载经过的鱼品的集装箱船舶，条件是无明确理由怀疑这些船舶从事了支持IUU捕捞的捕鱼相关活动。

《港口国措施协定》适用范围如此广泛，初衷是为了充分打击IUU捕捞活动，是否带来规则的滥用，尚需观察。需要指出的是：一是“捕鱼相关活动”应该被合理限制，否则容易造成一旦某渔船被确定为从事IUU捕捞，该船旗国的一系列船舶被拒绝港口。如果该船旗国为最不发达国家和小岛屿发展中国家，这些船舶同时承担民生保障的重任，拒绝此类船舶入港将带来多重危机；二是渔业活动应该被分类处理，生计渔业、休闲渔业、养殖渔业、商业捕鱼对资源的依赖不同，对渔民、渔村、海洋文化的影响力也不相同，应有所区别；三是规避措施的识别与处理，如此严格的港口国措施普遍实施，随着海洋科技的发展，一定会有各种各样的规避措施。对规避措施该如何认定并防止发生，也将对港口国措施对打击IUU捕捞的效果产生重要影响。

二、《港口国措施协定》是一个充满着义务要求的国际条约

在国际海事组织（IMO）的倡导与支持下，1982年7月在巴黎

签订了关于商船的《港口国监督谅解备忘录》（以下简称《巴黎备忘录》），拉开了国际港口国监督的序幕，《巴黎备忘录》目前已经有 27 个缔约方。[①] 1993 年在日本东京签订了《亚太地区港口国监督谅解备忘录》，目前已经达 21 个缔约方。国际海事组织将此做法在全球推广，由此产生了：非洲中西部、加勒比地区、地中海、印度洋、黑海等一系列区域型港口国监督谅解备忘录。

受到国际海事组织在商船管理成功的启发，粮农组织筹划为渔船制定类似的备忘录，《港口国措施协定》由此产生。作为一部关于船舶的国际条约，不仅为缔约方设置实体义务，还直接提出了程序要求。

（一）《港口国措施协定》明确了缔约方必须履行的实体义务

《港口国措施协定》是全球协调，《巴黎备忘录》是区域协调，这是两者在起点的不同。两者一致的地方是均要求缔约方承担协调义务，既有国际协调，也有国内协调。《港口国措施协定》的缔约方有义务在国家一级进行统筹和协调，各缔约方应最大限度地：① 整合并协调与渔业相关的港口国措施，纳入更广泛的港口国监管体系；② 使港口国措施与预防、制止和消除 IUU 捕捞以及支持此类捕鱼的相关活动的措施相结合，酌情考虑 2001 年粮农组织《预防、制止和消除 IUU 捕捞的国际行动计划》；③ 采取措施在有关国家机构间共享信息并对这些机构执行本协定的活动进行协调。[②]

《港口国措施协定》由粮农组织自己担任管理者，《巴黎备忘录》是成立区域管理组织，这是两者在机构方面的不同。关于船舶

---

① 《巴黎港口国监督谅解备忘录》英文名称为：Paris Memorandum of Understanding on Port State Control。信息来源于该机构官网：https：//www. parismou. org/，访问时间：2019 年 6 月 6 日。

② 《港口国措施协定》第 5 条。

进港，各缔约方有义务指定并公布船舶可根据协定要求进入的港口。各缔约方应向粮农组织提供其指定港口名单，粮农组织应适当公布该名单。各缔约方应最大限度地确保所指定和公布的每个港口具有按照本协定进行检查的充分能力。[①]

《港口国措施协定》与《巴黎备忘录》同样重视国际合作与信息交流，但在侧重的内容方面有所区别，两者均将信息交流的任务交给了管理者。如果没有基础信息交流，管理将无从谈起。《港口国措施协定》的缔约方需要承担合作和信息交流的义务，但没有强制要求缔约方如何履行此义务，将大量问题留给粮农组织在实践中解决。《港口国措施协定》要求：① 各缔约方应与有关国家、粮农组织、其他国际组织和区域渔业管理组织进行合作及交流信息，包括由此类区域渔业管理组织通过的与本协定目标有关的措施情况；② 各缔约方应尽可能采取措施支持其他国家和其他相关国际组织通过的养护和管理措施；③ 各缔约方应在次区域、区域以及全球层面，酌情包括通过粮农组织或区域渔业管理组织和安排，有效执行本协定。[②]

（二）《港口国措施协定》对缔约方提出的程序要求

依靠程序要求来保障实体条款的落实，这是法律实践中的经常做法，《港口国措施协定》也采用这样的方式，主要有以下两个方面。

第一，关于船舶入港的许可与拒绝。

《港口国措施协定》要求：各缔约方应充分提前，在允许船舶入港前，要求该船舶事先通报至少附录 A 所要求的信息，使港口国

① 《港口国措施协定》第 7 条。
② 《港口国措施协定》第 6 条。

有足够时间对这些信息进行查证。收到相关信息后，缔约方应决定准予或拒绝该船舶进入其港口并将其决定告知该船舶或其代表。如果准予入港，缔约方有权要求船长或该船的代表在船舶抵达港口时向缔约方主管部门出示入港授权。如拒绝其入港，缔约方应将此决定告知该船舶的船旗国，并酌情并尽可能告知相关沿海国、区域渔业管理组织及其他国际组织。①

当缔约方在船舶进入其港口之前有充分证据表明该船舶从事IUU捕捞或支持此类捕鱼的捕鱼相关活动，特别是船舶被列入由相关区域渔业管理组织根据该组织规则和程序以及按照国际法编制的从事IUU捕捞或捕鱼相关活动的船舶名单之中，该缔约方应禁止该船舶入港。②

第二，关于船舶的检验义务与程序。

缔约方不能怠于履行一般检验义务，应有重点地进行检验。各缔约方有义务对在其港口的一定数量的船舶进行检验，检验船舶的数量应达到足以实现协定目标的年度检验水平。在决定对何种船舶进行检验时，缔约方应把重点放在：有明确理由怀疑其曾从事非法、未报告或不受管制捕鱼或支持此类捕鱼的捕鱼相关活动的其他船舶。③

检验开展应专业、合法并不得歧视。缔约国有义务确保检验由专门授权的适格检验员进行，确保检验员对船舶所有相关区域、船上鱼货、渔网和其他渔具、设备以及船上与查证其是否遵守有关养护和管理措施相关的文书或记录等均进行检查；尽可能地避免造成船舶的不合理滞延，尽可能地降低对船舶的妨碍和不便，包括船上

---

① 《港口国措施协定》第8条。

② 《港口国措施协定》第9条第4款。

③ 《港口国措施协定》第12条。

没有必要配备的检验员，避免对船上鱼货质量产生不利影响的行动；尽可能地与船舶的船长或高级船员进行沟通，包括在可行且必要时配备译员与检验员同行；确保检验方式公正、透明、无歧视，不致对任何船舶构成骚扰；不干扰船长在检验过程中与船旗国当局联络的能力。[①]

检验完成后，若有明确证据相信该船舶从事、不报告和不管制捕鱼或支持此类捕鱼的捕鱼相关活动，检验方应：① 将调查结果及时通知船旗国并酌情通知相关的沿海国、区域渔业管理组织和其他国际组织及该船船长的国籍国；② 若尚未对该船舶采取措施，缔约国将拒绝其利用港口对先前未曾卸载过的鱼品进行卸货、转载、包装或加工或使用其他港口服务，特别是拒绝为该船舶添加燃料和补给、维修和进坞等活动。[②]

（三）《港口国措施协定》给缔约国渔业管理体制带来深层次约束

《港口国措施协定》给缔约方带来前所未有的挑战。几乎所有的缔约方都需要修订海洋渔业政策法规、改革渔业行政管理体系，加强国内港口基础建设，增加国际交流的契合度等，适用《港口国措施协定》的要求。

以加拿大为例，国家层面打击 IUU 捕捞的制裁措施开始于 2008 年。2010 年加拿大签署《港口国措施协定》后，2015 年 8 月加拿大议会修改了《沿海渔业保护法》（CFPA）和《沿海渔业保护条例》（CFPR）。为了对外国渔船实施强有力的港口准入制度，海洋渔业官员的检查和执法权限被扩大，可以检查集装箱和仓库以

① 《港口国措施协定》第 13 条。

② 《港口国措施协定》第 18 条。

及可能储存或藏匿非法捕捞鱼获的地方。

《港口国措施协定》还要求渔业执法领域的国内法高度一致、透明并且有适当的信息共享机制，加拿大为此通过修改法令来增加在联邦部门之间、与其他国家和国际渔业组织之间分享信息的透明度，落实起来的困难不少。这涉及了国内法渔业管理的权限，地方与中央的关系等。对于发展中国家来说，《港口国措施协定》并不是短期内能够达到的机构改革目标。由于制度架构是实践的前提，《港口国措施协定》对发展中国家的立法水平和执法体系带来巨大挑战。

《港口国措施协定》要求港口国履行信息收集和处理的义务，渔船有义务向港口国汇报信息，港口国与区域间渔业组织之间形成信息交互机制。如果严格遵照《港口国措施协定》进行渔业评估与数据交流共享，那么各国在渔业方面的信息安全也必将受到新的威胁，这对于发展中国家来说也是一大挑战。

《港口国措施协定》蕴含着建立水产品全球可追溯制度的要求，这是发展中国家在技术、资金、人员等方面短期内很难达到的。在2018年全球渔业统计报告中，粮农组织介绍了“欧盟展望2020 BlueBRIDGE项目”资助的全球种群和渔场记录范例。[①] 全球各个种群与渔场都被分配给特定的语义识别码（ID）以及全球唯一识别码（UUID）。这种电子识别码可以显示出：渔获物来源区域、船旗国以及捕捞方式等。港口国通过该种电子识别码便利判断渔获物是否涉及IUU捕捞。

① 粮农组织：《世界渔业和水产养殖状况2018》，罗马：粮农组织出版管理处，2018年，第150页。

（四）《港口国措施协定》要求的不是国民待遇甚至也不是最惠国待遇

欧盟较早地执行了港口国措施，遇到的第一个争议点是对船只的检查程序方面。欧盟对非欧盟成员国的检查十分严格，程序繁琐，几乎是每船必查。对于有意进港船只，欧盟要求提前 3 天通知欧盟成员国主管部门。2017 年皮尤慈善信托基金会和世界自然基金会发布的一项环境分析报告显示，欧盟成员国之间的技术差距和港口检验的薄弱环节使得 IUU 捕捞的渔获仍然可以通过一定的网络进入欧盟供应链。①

《港口国措施协定》要求缔约方有义务保障对外国船舶的待遇不构成歧视，但并没有要求享受国民待遇。为了防止部分港口国降低标准，《港口国措施协定》要求缔约方可决定对其国民租赁的专门在其国家管辖区按照其授权捕鱼的船舶不适用本协定。② 此类船舶应采用该缔约方的相关措施，即与有权悬挂其旗帜的船舶所适用的同样有效的措施。缔约方应以公平、透明和非歧视以及符合国际法的方式适用该协定。③

欧盟遇到的第二个的争议点是信息报告制度。欧盟成员国船只在欧盟各个港口国入港不需向主管部门提交有效认定的文件，入港时间短且程序简单。但受非欧盟成员国船只遭到的是近乎歧视的信息报告制度，入港时间长且报告信息多。欧盟对非成员国船只的检查构成了差别待遇，是对货物流通的阻碍。由于水产品容易腐烂，冗长的程序很容易造成外国船舶所载的高货值水产品价值损失，从

---

① 周燕侠：《欧盟仍然很难避免非法捕捞渔获入境》，《科学养鱼》，2017 年 4 月，第 76 页。

② 《港口国措施协定》第 3 条第 2 款。

③ 《港口国措施协定》第 3 条第 4 款。

而失去市场竞争的优势。

最惠国待遇，又被称为不低于第三国的待遇，多见于国际贸易领域。港口是货物流动的重要环节，也应受到贸易法的支配，最惠国待遇原则应适用于港口检查活动中。《港口国措施协定》没有关于遵守最惠国待遇的要求，这是重要缺陷，代表着一种错误的指向。《港口国措施协定》应增加最惠国待遇条款，要求所有支持可持续发展渔业的经济体享受同样待遇，为水产品贸易创造公平、友好的市场环境，避免港口国不必要的检查不均衡地增加各国水产品的运输成本等。

欧盟在实施港口国措施的过程中与区域渔业管理组织紧密配合，对区域渔业管理组织成员国的船只实行优惠待遇，在检查程序上给予减少环节，这让非欧盟成员且非区域渔业管理组织成员国的船只遭受到最为严格的检查制度。这是符合法治理念要求的，因为区域渔业管理组织在打击 IUU 捕捞活动中有着严格的措施，只要提供这些国家的检查证明，不需要进行重复检查。

三、中国应在 2021 年前加入《港口国措施协定》

我国目前不是《港口国措施协定》的缔约国。如果我国不能在 2021 年前参加该协定，将无法参加首次缔约方会议，会部分失去在港口国措施领域的话语权。我国已经良好地遵守着该协定，但不是缔约国，这对维护我国渔业权益是十分不利的。我国有必要尽早加入该协定，具体原因有如下 3 个方面。

（一）我国严格遵守着《港口国措施协定》的义务要求

我国参与了《港口国措施协定》的磋商与拟定。2008 年 6 月—2009 年 8 月，在粮农组织协调下，中国与其他 90 个成员国经过5轮磋商，就协定文本达成一致。[①] 2009年11月粮农组织大会第三十六届会议批准该协议供各国签署。

我国政府长期支持粮农组织的工作并积极配合国际社会打击IUU捕捞活动。中国渔政部门一直以积极负责的态度，在区域渔业管理组织的框架下，通过双边、多边途径参与海洋生物资源的养护与开发利用。为履行负责任渔业国义务，中国政府出台了一系列有效的政策和措施，不断健全远洋渔业管理制度，以“零容忍”态度坚决打击违法违规行为，促进中国远洋渔业规范有序发展。

根据我国渔业行政部门的计划，2019年我国政府继续以“零容忍”态度依法查处违规远洋渔业行为，完善远洋渔业“黑名单”制度，严厉打击IUU捕捞活动。严控远洋渔船规模，建立远洋渔业企业履约综合评价制度。完善远洋渔船船位监测系统，在公海渔船上推广使用电子渔捞日志，试点建立远洋渔船远程视频监控系统。研究建立职业化科学观察员制度，推动实施港口检查措施。

截至2019年7月1日，我国已经先后加入了养护大西洋金枪鱼委员会、中西太平洋渔业委员会、美洲间热带金枪鱼委员会、印度洋金枪鱼委员会、南太平洋渔业管理委员会、北太平洋渔业委员会和南极海洋生物资源养护委员会共7个区域渔业管理组织。这些区域渔业管理组织都要求成员国遵守《港口国措施协定》，中国政府按要求履行义务，合理利用海洋渔业资源，已经遵守《港口国措施协定》多年，这些保障了我国远洋渔业在现有国际渔业法律框架下健康发展。

2018年12月底，我国农业农村部与外交部联合发函给公安部、交通运输部、海关总署、国家市场监督管理总局，商请推动落实打

---

① 联合国官网：91个国家一致通过关于实施港口国措施打击非法捕鱼的国际协定。https：//news. un. org/zh/story/2009/09/118372，访问时间：2019年6月10日。

击从事 IUU 捕捞渔船的港口国措施。[①] 该函拟将我国加入的 7 个区域渔业组织公布的共 247 艘 IUU 渔船名单通报国内各口岸，将其列入布控范围，防止其进入我国港口，拒绝此类渔船在我国港口进行加油、补给、维修和上坞等，拒绝其所载渔获物在我国港口卸货、转运、包装、加工等。在此之前，农业农村部已将上述渔船名单通报国内有关渔港监督管理部门，防止这些渔船进入我国渔港。

（二）我国依据港口国地位在烟台港处理外轮 IUU 捕捞渔获

2016 年 5 月 11 日，南极海洋生物资源养护委员会（CCAMLR）向我国农业部通报，一艘涉嫌违规转载南极犬牙鱼（Antarctic Toothfish）的冷藏运输船“安德烈”号（英文名 Andrey Dolgov）进入中国港口（烟台港），希望我国渔业部门对其进行港口检查。经我国检查，该船的船东和货主是红星有限公司，公司注册地是伯利兹，船舶注册国籍是柬埔寨，货物运输目的地是越南。该船已经离开烟台港，卸载的货物包括 5 个集装箱约 110 吨渔获。

经检测，证实货物为南极犬牙鱼，国内市场称为银鳕鱼。根据南极海洋生物资源养护委员会有关规定，转载南极犬牙鱼需提供合法捕捞证明。检查时，该批货物代理公司不能提供相关合法捕捞证明。我国扣押“安德烈”号非法转载的南极犬牙鱼，将其暂扣在烟台港，并将港口检查情况通报该委员会。

经南极海洋生物资源养护委员会研究，确认将“安德烈”号渔船列入 IUU 渔船名单，并请中国政府对该批 IUU 捕捞渔获予以处置。2017 年 12 月 29 日，该批犬牙鱼货物在烟台市被公开拍卖，拍

---

① 《农业农村部办公厅、外交部办公厅关于商请将我加入的相关区域渔业管理组织公布的非法、未报告和不受管制渔船纳入我各口岸布控范围的函》（农办渔函〔2018〕67 号）。

卖所得款项165万元。[1] 在2018年10月下旬举行的第37届委员会年会上，中方代表团向委员会通报了该批犬牙鱼货物处置进展，并承诺将拍卖剩余款项捐给南极海洋生物资源养护委员会。

2018年11月20日，我国农业农村部渔业渔政管理局局长张显良将标有捐赠金额的支票板现场交给南极海洋生物资源养护委员会秘书处执秘戴维·阿格钮先生。双方商定，在委员会设立中国基金，主要用于支持发展中国家加强能力建设。阿格钮先生表示，感谢中方给予委员会秘书处的支持和在南极海洋生物资源养护方面所做出的努力和贡献，秘书处愿与中方携手努力，共同养护和合理开发利用南极海洋生物资源。[2]

由于《港口国措施协定》在2016年6月5日生效，柬埔寨籍“安德烈”号渔船在此之前在我国烟台港卸载渔获，我国处理本案并非依据《港口国措施协定》。我国是区域渔业管理组织的成员国，要履行国际承诺，与国际组织一道合作打击IUU捕捞。本案中，凭借港口国地位处理IUU捕捞渔获，与《港口国措施协定》的目标、要求、处理方式高度一致，展现出我国对打击IUU捕捞活动的坚定立场，也反映出我国对《港口国措施协定》的态度。

“安德烈”号案件对我国打击IUU捕捞活动产生了深远影响。在此之后，2018年12月我国农业农村部与外交部联合发函将247艘IUU渔船名单通报国内各口岸。这反映出，我国已经开始从立法、执法层面制定完善国内法措施来落实《港口国措施协定》的多层次要求。

---

① 2018年渔业渔政工作“十大亮点”，《中国水产》，2019年第1期，第17页。

② 中国远洋渔业信息网，中国政府将外籍渔船非法转载的南极犬牙鱼货物拍卖款捐赠给南极海洋生物资源养护委员会，http：//www.cndwf.org/bencandy.php？fid=14&id=10247，访问时间：2019年1月3日。

（三）加入《港口国措施协定》会增强我国的国际话语权

长期以来，我国政府、企业以及其他团体遵守着《联合国鱼类种群协定》，但由于我国已经签署但并未批准该协定，联合国举行的多方谈判中，我国以非缔约方的身份参加。海洋渔业领域，非缔约方有权参加国际协定的审查会议，这是不存在争议的。非缔约方参加审查会议是否拥有表决权，是各方争议的焦点。

2006 年 3 月 20—24 日，《联合国鱼类种群协定》缔约国第五次非正式磋商在纽约联合国总部举行。本次磋商旨在筹备该年 5 月份举行的《联合国鱼类种群协定》审查会议。依据《联合国鱼类种群协定》规定，联合国秘书长应在该协定生效之日起 4 年召开审查会议，以评估协定的效力。[①] 磋商在所有与会方协商一致的基础上通过了审查会议议程、会议安排和审查标准的草案。在讨论审查会议《议事规则》草案时，缔约方与非缔约方针对“非缔约方是否有表决权”问题分歧严重。最后会议在非缔约方强烈反对下，以“缔约方协商一致”方式通过了审查会议《规事规则》草案，其中规定，非缔约方无表决权。

中国作为《联合国鱼类种群协定》非缔约方出席会议并表示，从《联合国鱼类种群协定》规定、审查会议任务以及事实上非缔约方承担养护和管理公海渔业的责任上看，非缔约方在审查会议上应有表决权。[②]

与《联合国鱼类种群协定》的规定不同，为了避免类似的争议，《港口国措施协定》采用缔约方会议的方式来替代允许非缔约

---

① 《联合国鱼类种群协定》第 36 条。

② 外交部官网，《联合国鱼类种群协定》缔约国第五次非正式磋商，https：//www. fmprc. gov. cn/web/ziliao_674904/tytj_674911/tyfg_674913/t269282. shtml，访问时间：2019 年 1 月 3 日。

方参加的审查会议。《港口国措施协定》的义务众多，部分表述容易引起误解，需要在执行中加以明确。渔业生产存在着显著的国别差异，加之各缔约方在执行的过程中缺乏有效协调，自生效以来，《港口国措施协定》在实践中的许多问题有待明确。

《港口国措施协定》的制定者们早就注意到了协定执行所需要的监测、审查与评估问题，这成为协定的第九部分。为了避免再次出现《联合国鱼类种群协定》类似的困境，在粮农组织谈判的过程中，各方进行了激烈的磋商，该部分最终仅达成 1 条。依据《港口国措施协定》，各缔约方应在粮农组织及其有关机构的框架下确保对本协定的执行情况进行定期和系统地监测和审查，并对实现本协定目标方面的进展进行评估。协定生效 4 年之后，粮农组织应召集缔约方召开一次会议，审查和评估本协定实现其目标的成效。[①]

尽管《港口国措施协定》中将缔约方会议的目的严格限制为审查与评估，但是关于港口国措施的解释与适用、发展中国家的要求实现情况，如何向最不发达国家、小岛屿发展中国家提供包括捐助计划在内的供资机制等将会不可避免地涉及到。此外，《港口国措施协定》明确，首次会议后，缔约方将会有权决定有无必要继续召开此类会议，这让缔约方会议获得了高于粮农组织的权限。

本章小结

《港口国措施协定》由粮农组织起草并获得多国支持，2016 年 6 月生效至今，缔约方迅速增加。《港口国措施协定》的目标在于打击 IUU 捕捞并不涉及其他，适用于从事捕鱼或捕鱼相关活动的所有船只。《港口国措施协定》是一个充满着义务要求的国际条约，给缔约国渔业管理体制带来深层次约束。我国严格遵守着《港口国

---

① 《港口国措施协定》第 24 条。

措施协定》的义务要求，依据港口国地位在烟台港处理外轮 IUU 捕捞渔获，应在 2021 年前加入《港口国措施协定》以增强我国的国际话语权。

本章定位

本章定位于分析海洋渔业运输环节的国际规则变动，分析对象为《港口国措施协定》。在细致分析《港口国措施协定》规则的基础上，提出我国加入该协定的建议。

第六章　销售环节：海洋渔业资源养护措施的合法性在增强

海洋捕捞渔业的重要特征是不仅为满足国内市场需要，还要向国际市场提供水产品。在小型岛屿发展中国家、捕鱼实体（例如，法罗群岛）的经济结构中，水产品国际贸易占据着至关重要的地位。美国、欧盟、日本是传统的水产品输入国，这些国家限制水产品进口的贸易措施往往牵动着水产品输出国的神经。以国际法去判断：水产品输入地、国际组织等颁布的海洋渔业资源养护措施是伪装的贸易壁垒，还是养护海洋渔业资源的必要措施，这是双方争议的焦点。

一、两类海洋渔业资源养护措施均会影响水产品国际贸易

世界主要经济体均加入世界贸易组织（WTO），在进行国际货物贸易时，各国原则上不应设置数量的限制。由于水产品输出国与输入国经济发展程度存在差异，海洋渔业资源的养护措施会影响到水产品的国际贸易。这些海洋渔业资源养护措施主要有两类来源。

（一）区域渔业管理组织的养护措施直接影响水产品国际贸易

区域渔业管理组织（RFMO）是当前海洋渔业资源养护的主角。这些组织并不满足于基础条约规定的管辖事项范畴，会依据自

身权限或者超越自身权限来颁布特定海域的渔业管理规定。区域渔业管理组织基于科学委员会的建议颁布含有贸易措施的养护措施，成员国对这些养护措施一般持支持或者默认态度，水产品输出国的利益在这个过程中容易被忽视或侵犯。

2012年8月24日《南太平洋公海渔业资源养护和管理公约》正式生效。该公约管理对象包括除高度洄游鱼类、溯河和降河产卵物种、沿岸国定居物种以外的其他所有南太平洋公海渔业资源，例如竹荚鱼、鱿鱼等。2013年南太平洋区域渔业管理组织委员会召开了第一次会议，通过了关于数据报送和养护竹荚鱼资源等管理措施，规定渔船海上转载渔获应向船旗国报告渔获物海上转载数据。我国是该区域渔业管理组织的成员国，我国农业部要求渔业生产企业及渔船执行该组织的管理规定。① 如果某批外国水产品自称来自南太平洋的海上转载，港口渔业行政部门在区域渔业管理组织信息中心无法核实到相关数据，我国渔业行政部门有权怀疑其为IUU捕捞渔获。

鲨鱼属于软骨鱼纲，早在恐龙出现前3亿年前就已经存在地球上，至今已超过5亿年。近几十年工业化的屠杀正在改变这种情况，部分鲨鱼品种濒临灭绝。时至今日，《濒危野生动植物种国际贸易公约》附件Ⅰ（禁止国际贸易类）的名录中没有任何种类的鲨鱼。从2002—2012年，共有8种鲨鱼增加到附录Ⅱ的名录中，这个趋势还在延续。2016年10月3日第17届《濒危野生动植物种国际贸易公约》缔约方大会（CITES COP 17）决定将丝鲨（Carcharhinus falciformis）、长尾鲨（Alopias）和蝠鲼（Mobula）列入附录Ⅱ，以加强对其保护。附录Ⅱ所列物种是会面临威胁的物种，在

① 农业部办公厅关于南太平洋区域渔业管理组织有关管理措施的通知（农办渔〔2013〕27号）。

不损害物种生存繁衍的情况下允许交易。[1]

区域渔业管理组织在养护海洋渔业资源的过程中十分注重保护鲨鱼资源。2007 年大西洋金枪鱼养护委员会要求捕鱼过程中应降低大西洋鲭鲨（Porbeale Sharks）的死亡率。5 个金枪鱼区域渔业管理组织有 4 个已经禁止捕捞白鳍鲨（Whitetip Sharks）。这 4 个机构的禁捕开始时间分别为：大西洋金枪鱼养护委员会在 2010 年，美洲间热带金枪鱼委员会、中西太平洋高度洄游鱼类委员会在 2011 年；印度洋金枪鱼委员会在 2013 年有条件禁止捕捞白鳍鲨，该委员会的禁捕是暂时的，允许两个例外，一是在本国专属经济区内捕捞且用于本地消费；二是用于生物取样。除了南方蓝鳍金枪鱼养护委员会外，另外 4 个金枪鱼区域渔业管理组织均要求捕捞金枪鱼的作业渔船要报告被抛弃或者释放白鳍鲨的数量。

不遵守上述规定的渔船将被区域渔业管理组织认为违反养护规范，其捕捞活动将被视为 IUU 捕捞，渔船上的渔获将被禁止进入港口等，很少有渔船故意违反上述规定。从这个角度来看，区域渔业管理组织的养护措施比《濒危野生动植物种国际贸易公约》附件Ⅱ要求更严格，效果更显著。

（二）水产品输入国颁布养护措施会影响水产品国际贸易

因海洋渔业资源养护措施产生的贸易纠纷是世界贸易组织争端解决机制案件的来源之一。例如，为了保护海龟资源，美国要求所有进口海虾必须安装海龟保护装置 TED（Turtle Excluder Devise），这在当年事实上禁止了印度、巴基斯坦、泰国、马来西亚 4 国对美

---

① 新浪公益，鲨鱼和鳐鱼获得濒危动物公约更高级别保护，http://gongyi.sina.com.cn/gyzx/hg/2016-10-09/doc-ifxwrhpm2689695.shtml，访问日期：2019 年 1 月 3 日。

国的海虾出口。[①] 基于保护海豹资源和动物福利的考量，2009 年欧盟出台法令禁止在欧盟范围内销售海豹制品[②]，加拿大、挪威认为欧盟该法令存在违法诉至世界贸易组织争端解决机制。[③]

2019 年 2 月 13 日欧盟议会与成员国共同达成一份关于捕捞渔业技术措施的框架协议，新框架协议简化现有的 31 项欧盟渔业规定，包括欧盟水域内允许使用的渔具和捕鱼方法、可捕捞鱼的最小尺寸以及在特定区域或特定时期限制捕鱼的规定。这项新协议为欧盟明确 IUU 捕捞活动的技术要求，将会对其他国家向欧盟输出水产品造成深远的贸易影响。

该协议其中一项要求是：欧盟成员国立即或在一定期限内禁止在其沿海水域使用电泳脉冲捕鱼（Electric Pulse Fishing）。电泳脉冲捕鱼是在欧盟范围内饱受争议的捕鱼方式，指在把鱼捞进渔网之前，向它们发出电信号，使它们从海底打晕并受到惊吓。荷兰渔民将其视为捕鱼技术的创新，但英国、法国的渔业协会、欧盟的多个环保组织长期反对这种捕鱼方式。[④] 欧盟要求各成员国必须在 2021 年 6 月 30 日之前停止使用电泳脉冲捕鱼。

公海底层拖网捕鱼（High Seas Bottom Trawling）严重危害深海脆弱海洋生态系统，这引起了国际社会的普遍关注。[⑤] 2004 年以

---

① WTO case No. DS 58 and DS 61.

② Regulation (EC) 1007 /2009 of the European Parliament and of the Council of 16 September 2009 on trade in seal products [2009] OJL 286 /36.

③ WTO case No. DS 400 and DS 401.

④ gerardo fortuna, eu approves ban on electric pulse fishing from 2021 https://www.euractiv.com/section/agriculture-food/news/eu-approves-ban-on-electric-pulse-fishing-from-2021/ accessed february13, 2019.

⑤ National Academy of Sciences Report is available at http://www.nap.edu/catalog/10323.html. accessed february13, 2019.

来，联合国大会曾通过决议暂停公海底层拖网捕鱼①；粮农组织为此制定了《公海深海渔业管理国际指南》，并以此作为管理公海深海渔业和保护脆弱海洋生态系统的技术标准和管理框架。非政府环保组织和部分科学家呼吁禁止公海深海底层渔业，但各国对此的立场尚不一致，产业界大多持反对立场。鉴于对立的利益与观点，有观点认为，尚难以全面禁止公海的深海底层渔业。② 基于养护海洋渔业资源的考量或者养护海洋生态系统的要求，美国等依据联合国大会决议限制相关水产品国际贸易，这给水产品输出国造成贸易壁垒。

2018 年美国斯坦福大学的一项研究表明，禁止拖网捕鱼并不一定会伤害渔业社区。③ 在拖网捕鱼的问题上，发达国家内部长期存在争议，联合国大会的决议虽然没有法律约束力但代表着某种指引。加拿大、冰岛、葡萄牙、丹麦等国认为：没有科学证明的条件下，禁止任何形式的捕鱼活动都会是错误的，没有必要的。美国、英国、澳大利亚、新西兰等国和环保主义团体均认为：无论是专属经济区，还是公海都应禁止这种捕鱼方式，区域渔业管理组织在这个过程中能够应担负更多的职责。区域渔业管理组织对此持谨慎态度，会在特定区域颁布禁止使用拖网捕鱼或者建立海洋保护区，这些措施获得相关国家的尊重。正是由于这些争议，目前拖网捕鱼的渔获正在减少并逐步转为本地消费，越

---

① In 2004, the u. n. adopted a resolution urging states to consider a temporary ban on bottom trawling at vulnerable ecosystems on the high seas, including seamounts. u. n. gen. ass. res. on oceans and the law of the sea a/res/59/25, paragraph 66, 2004.

② 唐议，盛燕燕，陈园园，“公海深海底层渔业国际管理进展”，《水产学报》，2014 年第 5 期，第 759-768 页。

③ Fiorenza micheli, nicole kravec, stanford scientists show a controversial trawling ban did not hurt fishing communities, https: //news. stanford. edu/press-releases/2018/08/02/fishing-bans-prohing-communities/ accessed february13, 2019.

来越少地进入国际市场。

二、海洋渔业资源养护措施具有合法性应符合的法理要求

现代汉语合成词“合法”，由“合”与“法”组成，指符合法律规定。[①] 我国社会科学研究中的“合法性”多由英文中 Legitimacy 一词翻译而来，“合法性”中的“法”并不特指“法律”或“法规”。英文 Legitimacy 是对法律或者政府机构权威性进行分析评判。鉴于这种语义理解的混乱，也有学者提出中文应当用“正当性”来描述 Legitimacy 的含义，但目前研究中使用合法性较多，本文使用合法性来评判养护措施是否具有一般法律意义的正当性。

（一）海洋渔业资源养护措施应反映合法性的一般要求

近代社会科学中的合法性一词成为理论界所密切关注的命题是随着韦伯统治类型对合法性的相关问题进行阐述而日渐受重视的。[②] 韦伯在其统治类型学中对“合法性”进行了研究，提出了有关合法性的论断，即任何一种统治关系均包含了人们对于服从中得到某种利益的期望，人们之所以会服从除了目的理性或价值理性或习惯外，还有对合法性的一种信仰。

从合法性的语义上分析，合法性中的“法”往往指的是超乎于实在法之上的判断标准，并非完全是实在法，“合法性”并不等同

① 中国社会科学院语言研究所词典编辑室，《现代汉语词典（第6版）》，商务印书馆，2012年，第521页。

② 胡若溟，“新时代的合法性重构一评《公法变迁与合法性》”，《公法研究》，2016年第1期，第359-380页。

于“合法律性”。[1] 合法性包含两方面：一是指对象的合法律性，即要符合已经制定的法律规则，包括制定法和判例法等；二是指对象的权威性、有效性以及正当性，要符合公平，正义等法律原则和价值观念。

判断海洋渔业资源养护措施是否具有合法性，也应该有两个方面：一是要符合实然的“法”，包括公约、习惯与一般国际法；二是要符合应然的“法”，即能够反映出公平正义的价值观念。对于法律而言，研究其合法性问题是有必要的，因为无论哪种法律的制定都是以社会成员的认同和服从来体现其权威性和正当性的。法律的合法性是形式合法性与实质合法性的统一。[2] 形式合法与实质合法之间的结合程度也应成为合法性考量的要素之一。

（二）海洋渔业资源养护措施应符合形式合法性

形式合法性要考虑到立法的权限和不同法律间的效力问题。形式合法性主要要求立法要有法律依据，立法程序正当，法律与其他法律之间尤其是与效力位阶高的法律在内容上是否相互冲突。尽管海洋渔业资源养护措施来源的不同，其形式合法性的考核会略有区别，但主要有以下两个方面。

第一，该养护措施要符合以 WTO 规则为基础的国际贸易法。

作为 WTO 协议附件的 GATT 协定是关于国际货物贸易的基本规则，各缔约方必须遵守。GATT 协定第 20 条是关于货物贸易一般例外的规定。养护海洋渔业资源曾经被解释为符合 GATT 第 20 条（a）款“为维护公共道德所必要的措施”，（b）款“为保障人民，

---

① 〔德〕奥托·基希海默著，王凤才，孙一洲译，“合法律性与合法性”，《国外社会科学》，2017 年第 2 期，第 53-62 页。

② 杨光斌，“合法性概念的滥用与重述”，《政治学研究》，2016 年第 2 期，第 2-19 页。

动植物的生命或健康所必要的措施”，（g）款“与国内限制生产与消费的措施相配合，为有效保护可用竭的天然资源的有关措施”。

除GATT协定之外，还有同样作为WTO协议附件的《技术性贸易壁垒协定》（以下简称《TBT协定》）与《实施动植物卫生检疫措施的协定》（以下简称《SPS协定》）也是养护海洋渔业资源贸易措施必须遵守的。《SPS协定》中明确规定各成员国有权在不对贸易造成不必要的障碍的前提下，以保护本国的人类，动植物的卫生和健康为由，制定相关的检验检疫措施。《TBT协定》也规定成员国可根据以下合法目标制定相应措施：①保护人类，动物以及植物的生命或者健康；②保护环境；③保护国家基本安全利益等。

2012年通过专家组和上诉机构程序的印度尼西亚诉美国丁香香烟案、墨西哥诉美国金枪鱼海豚案、加拿大和墨西哥诉美国原产地标签案是直接适用《TBT协定》裁判争议的3个典型案件，一定程度上厘清了《TBT协定》适用于技术法规的几个核心法律问题，例如：技术法规定义、非歧视原则和必要性原则的解释和适用，但也留下了一些未决问题。2013年11月25日通过的加拿大和挪威诉欧盟海豹产品案进一步澄清了《TBT协定》应该如何适用于技术法规，并在WTO多边贸易体制历史上第一次处理了动物福利的保护问题。[①] 在水产品贸易领域的国际规则正在逐步清晰。

第二，该养护措施的出台要符合成员国自身的立法权限。

立法权（Legislative Power）是政治学家与法学家共同使用的概念，一般认为立法权从属于国家主权，立法权是国家制定，修改和废止法律的权利。[②] 英国启蒙思想家洛克认为立法权是享有权利来

---

① 胡建国，辛方，“浅议《TBT协定》对技术法规的适用—以欧盟海豹产品案为例”，《中国标准化》，2014年第5期，第114-117页。

② 孙成谷，《立法权与立法程序》，人民出版社，1983年，第7页。

指导如何运用国家的力量保障这个社会及其成员的权利。与行政权、司法权相比，在人民同国家的关系中，立法权是与人民关系最密切、最直接的权力。从立法权的本性来看，它是一种反映和代表民意的国家权力。[①]

国际法层面的立法权（Making law）有着不同于国内法的含义。国家是国际法上的基本主体，有独立参加国际关系的能力，能直接享有国际法的权利并履行国际法的义务。国家作为国际公约或条约的缔约者，一方面是国际法的制定者，另一方面有义务遵守自己参与制定的国际公约或条约。国家订立新的国际条约或者加入已有的国际条约或国际组织，应该首先具有其国内法的权限。这种权限一般来自于国内宪法秩序，但国际习惯法的形成有着不同的路径。基于国际法的此种特征，海洋渔业资源的养护措施首先应接受该措施制定国国内法的审核，这使得部分案件先发生在水产品输入国的国内法院。

（三）海洋渔业资源养护措施应符合实质合法性

法的价值是指法律满足人类生存和需要的基本性能，即法律对人的有用性。从法理上讲，判断行为实质合法性的标准就是判断行为的合价值性，即行为能否反映出法的价值。海洋渔业资源养护措施应符合这个价值需求（即法的目的），不至于形成新形式的贸易壁垒或者歧视待遇。海洋渔业资源养护措施不仅应符合形式合法性，还要符合实质合法性。实质合法性应符合如下 3 个标准。[②]

---

① 李林，“立法权与立法的民主化”，《清华法治论衡》，2000 年（年刊），第 251-289 页。

② 岳彩申，“法院判决‘返还项目权益’的实质合法性标准及社会因素——司法裁判合法性与社会效应统一的典型案例与验证”，《中国不动产法研究》，2017 年第 1 期，第 101-115 页。

第一，该养护措施应具有不可替代性。

一般而言，国际法规则的形成与发展需要国家同意。但海洋渔业资源养护措施的制定与实施没有获得贸易伙伴的同意，因而具有单边性。养护措施的出台往往遭到水产品输出国的反对，因为养护措施使得水产品输出国的贸易利益遭受损害。如果有其他措施同样可以达到养护海洋渔业资源的目的，应避免使用造成贸易扭曲的养护措施。这是因为：海洋渔业资源的养护措施可以增加本国的水产行业的国际竞争力，把外国水产品挡在本国市场之外，所以其无论为何，这种养护措施具有很强的保护性。如果不加管理，保护本国产业的养护措施有被滥用的可能。养护海洋渔业资源的过程中，应对其进行合理限制，限制到具有不可替代的范畴。

第二，该养护措施应具有切实的可操作性。

依据当前的国际贸易法体系，为了养护海洋渔业资源这种“可用竭”的自然资源，缔约方可采取适当的措施来限制贸易，但这种措施应具有切实的可操作性。可操作性应有技术层面、规范层面、国际合作层面 3 个层面的要求。

从技术层面来说，可操作性指该养护措施所倡导的养护目标能够通过技术手段来实现。养护措施所实现的目标不应是一禁了之，而是让资源友好的技术获得推广，提高全球捕捞技术水平，这方面已经成为共识。问题是这方面的技术推广是否必要，会否成为发达国家销售其相关设备的工具？这些需要结合供需、技术、产品等多方面来确定。

从规范层面来看，可操作性指该养护措施的形式是可以诉诸行政诉讼的行政法令。贸易利益受到影响的进口商或者渔业生产者可以向水产品输入国的法院寻求救济，这样能够保障该国不会任意出台措施，而是依据自身的法制体系出台养护措施。以增强养护措施的说服力为视角，规范性要求也是必要的。

从国际合作的角度来分析，养护措施的目的应该是促进国际合作，通过各国的共同努力来实现养护目标。如果相关国家无法开展合作，那么该措施仅实现了限制或禁止国际贸易的效果，没有达到养护海洋渔业资源的目标，这也是养护措施缺乏可操作性的表现。

第三，该养护措施应具有可预期的正效应。

养护措施一旦实施，会对国际贸易产生影响，也会对海洋资源养护规则产生效应。这里需要在养护措施没有正式实施前进行效应测试，判断政策可能带来的正效应与负效应。需要对养护措施的多种效应进行评估。在评估的过程中，要综合经济、政治、文化等多方面因素来判断该贸易政策的社会效果，并以此来调整养护政策，以期待措施具有可预期的正效应。措施的评估是该国对养护措施进行再认知的过程，涉及海洋渔业、国际关系、国内政治、民族文化等多种要素。这是一个多种价值取舍的过程，也是多种利益博弈的场所，需要对养护海洋渔业资源的价值进行多维度的审视。

三、海洋渔业资源养护措施具有合法性应符合国际贸易规则

对养护措施是否符合国际贸易规则的考量是考察该养护措施形式合法性的一部分。在前一节已有简要分析，这里做以全面、深入地阐释，一是为了明确主要争议点，二是为了解决国际贸易规则与资源养护规则的冲突提供思考。

（一）海洋渔业资源养护措施不应违反最惠国待遇原则和国民待遇原则

GATT 第 1 条和第 3 条分别规定了最惠国待遇原则和国民待遇原则，二者均要求对“相同产品”给予“相同待遇”。两个原则的

含义并不存在争议，问题出在界定何种待遇是否需要“相同产品”，“相同产品”是否需要考虑产品的生产过程，或者说，生产过程不同获得的外观与功能完全一致产品是“相同产品”吗？海洋渔业领域的焦点在于：以不同的捕鱼方式标准捕获的水产品是否应获得相同的待遇。在实践中，各国基于自身利益、环境价值观对最惠国待遇原则和国民待遇原则中的“相同产品”有着不同的理解，呈现出相互对立的两种结论。

首先，最惠国待遇原则与国民待遇原则应该被遵守，否则就是歧视待遇，歧视是公平贸易的对立面。最惠国待遇要求缔约方对其他缔约方的“相同产品”进入到该国得到不低于第三国的待遇。国民待遇原则要求缔约方在进口产品时对该产品的待遇要与该国国内生产的“相同产品”待遇平等。

其次，GATT 协议并没有对“相同产品”的概念作出明确的定义。“不同”产品是否要根据生产过程和生产方法的不同而被确定为“不同”的，这是问题的关键所在。一概而论地分析所有产品并不符合本文的研究范围。

第三，在海洋渔业捕捞作业的过程中，尽管捕捞获得的水产品表面上看是“相同产品”，但由于涉及捕捞方式、捕捞方法以及伴生鱼类的损害、海洋生态系统的维护等，不考虑生产过程与生产方法的“相同产品”标准已经不存在。

综上所述，海洋渔业资源养护措施适用的产品标准是以产品生产方法与生产过程为基础的，这是 PPPMs 标准或者 PPM 标准，而非单纯的产品标准。最惠国待遇原则与国民待遇原则都在遵循着这样的标准。

（二）海洋渔业资源养护措施应遵守普遍取消数量限制原则

在国际贸易的过程中，危害最大的非关税措施是限制进出口货物的数量。因为限制进出口货物的数量是一国的行政机关随时可以运用的一种行政手段。这种手段具有极大的针对性。可以对其他国家的某一类产品造成巨大的损失。

GATT 第 11 条规定了普遍取消数量限制原则，要求缔约方不得对进出口产品在数量上加以限制。如果缔约方在进出口产品数量上对其他缔约国加以限制，则有关成员国可以要求其取消这种限制。该条款的功能在于约束缔约方，避免贸易过程中肆意采取限制措施。普遍取消数量限制原则禁止成员方使用配额、进出口许可证或其他与货物进出口有关的类似措施，区域渔业管理组织通过捕捞配额来管理特定水产品的总产量，这是产量限制，并不是贸易领域的数量限制。粮农组织或者区域渔业管理组织没有对国际贸易中水产品的数量进行限制，各国也不应以养护海洋渔业资源为借口对此进行限制，但是国际法允许水产品输入国对捕捞方式与方法进行选择，不符合该国生产标准的水产品将被禁止输入该国。

海洋渔业资源的养护措施必然会对水产品的国际贸易产生影响，这种作用一般是消极的。当养护措施被视为限制或者禁止了水产品国际贸易时，水产品输出国会将争议的措施诉诸世界贸易组织贸易争端解决机制，国际渔业贸易争端由此产生。由于涉及海洋渔业的技术标准问题，区域渔业管理组织的观点与角色变得至关重要，然而目前的国际贸易争端解决机制中缺乏区域渔业管理组织适当的位置。同样都是政府间国际组织，二者之间缺乏沟通，这是国际法碎片化现实决定的。有效的海洋治理必须对此有所改变，才能符合人类的整体利益。

（三）海洋渔业资源养护措施应符合 GATT 第 20 条（一般例外）的要求

长期以来，有许多学者认为：最惠国待遇、国民待遇中坚持的产品标准就是产品本身，而非 PPMs 标准，但两原则允许一定的例外。只有经过 GATT 第 20 条检验的贸易措施才是合法的一般例外。本文认同两原则允许这样的例外，海洋渔业资源养护措施应符合 GATT 第 20 条的要求。

海洋渔业贸易争端的司法实践表明，如果仅仅考察争议的养护措施是否符合 GATT 第 1 条，第 3 条和第 11 条会存在理论严重不足，要证明该养护措施是否合法的关键在 GATT 第 20 条。对该条款的理解与解释因此成为各方争论的焦点。

GATT 第 20 条规定了货物贸易上述原则的一般例外，为保护人类生命健康和养护自然资源的单边措施的合法性提供了依据。涉及海洋渔业资源养护的条文主要有：（b）款“为保护人类及动植物的生命或健康所必需的措施”，（g）款“为保护可用竭自然资源有关并和其他国内生产或消费一起实施的措施”。海洋渔业贸易争端司法实践中，大多根据以下程序来进行：首先审查争议的养护措施是否符合第 20 条（b）款或（g）款的规定，其次审查该争议的养护措施是否符合第 20 条前言的要求。

国际条约上设置该前言的目的是避免缔约国利用该条款实施隐蔽的贸易保护措施。前言要求缔约国采取的养护措施对于条件相同的各缔约方采取相同的策略，没有构成歧视。在实践中，不少案件使用这两步骤得以确认养护措施合法性，成为专家组和上诉机构报告中的惯常做法。尽管 GATT 第 20 条为审查养护措施提供了依据，但该条款本身存在着含糊表述、弹性用语等问题，这令该条款在解读过程中容易发生争议，具体来说有以下 3 点：第一，对“相同情况”的含义没有明确。不符合法律自身所要求的指引功能；第二，关于“武断的”“不合理的”“隐蔽的”等的形容词缺乏精确的衡量标准，缺乏稳定性，使得在贸易争端司法实践中可以任意的被解释；第三，关于某些关键词，如“必需的措施”“有效配合”等都是定义不明确的。

这些问题对国际贸易与司法实践产生了不利影响：第一，资源养护例外条款在实际操作中具有了相当大的自由度，成员国可以根据自己的理解和需要做出对自己有利的解释，所以该条款极易被采取养护措施的成员方用以借环境保护之名行贸易壁垒之实；第二，WTO 争端解决机制在处理具体争议时同样会出现较大的不确定性和不稳定性，相似的案件出现不同的裁决往往会带来司法实践波动，引起更多的争论。

涉及 GATT 第 20 条的国际争端很多，从解释论的视角来对环境贸易措施（特别是对缔结条约的各国单方制定的环境贸易措施）的分析是一个复杂而又无法系统完成的工程。但相对整个国际贸易，海洋渔业领域尽管狭小，但是对规则的影响力却巨大。确认海洋渔业资源养护中 GATT 第 20 条的基本含义对国际规则的走向有着重要的示范意义。

（四）海洋渔业资源养护措施应符合《TBT 协定》与《SPS 协定》的要求

《TBT 协定》与《SPS 协定》达成于乌拉圭回合谈判过程中。《SPS 协定》调整的是动植物卫生检疫措施，《TBT 协定》则调整的是其他的有关产品的技术措施。由于《TBT 协定》和《SPS 协定》的内容与资源、环境等问题联系密切，能为制定、审查、评估海洋渔业资源养护措施提供法律依据。

依据《TBT 协定》，技术法规是指：强制执行的规定产品性能或与之相关的生产过程和生产方法，也包括可适用的行政（管理）规定在内的文件。技术标准指：被公认机构批准的、非强制性的，能够为了通用或反复使用的目的，为产品或其生产过程和生产方法提供参考、指南或特性的文件。海洋渔业资源养护措施涉及渔业生产的技术与方法等，在《TBT 协定》调整范围之内的。

依据《TBT 协定》，技术法规和标准的定义不仅规定了相关产品法规和标准，而且包括有关产品的生产过程和生产方法的措施。技术法规和标准也包括在内容方面的要求，具体有：生产过程或生产方法的术语、符号、包装、标志或标签。所以“与之相关”的表述意味着：只有当生产过程和方法影响到最终产品本身时才能适用《TBT 协定》。

《SPS 协定》对所有能够与国际贸易相联系或能够影响国际贸易的动植物卫生检疫措施适用。水产品的国际贸易一定要经过动植物卫生检疫环节。根据《SPS 协定》，动植物卫生检疫措施包括最终产品标准及工序和生产方法。因此，水产品的国际贸易必须经得起《SPS 协定》的检验。

一般认为，检疫措施的适用范围只在缔约方领土内。但《SPS 协定》为水产品输入国将自己的动植物卫生检疫权延伸到其他国家提供了可能。在海洋渔业领域，水产品输入国通过区域渔业管理组织将检疫权延伸到了渔业生产的多个环节。水产品的生产过程、生产标准决定了产品本身的市场价值。当水产品输入国认为水产品贸易对海洋渔业资源或者人类健康造成现实的或潜在的损害时，该国有权依据《SPS 协定》采取限制措施保护其领域内的动物和人类生命健康。如何证明损害危险的存在，如何证明因果关系，如何证明措施的必要性等问题成为问题的关键。

本章小结

海洋渔业资源养护措施主要有两类：一类来自区域渔业管理组织；另一类来自水产品输入国，二者均会影响水产品国际贸易。考察海洋渔业资源养护措施的合法性不能一概而论，应从实质、形式两个方面具体分析。海洋渔业资源养护措施应符合国际贸易规则的要求：不应违反最惠国待遇原则和国民待遇原则，应遵守普遍取消数量限制原则，应符合 GATT 第 20 条（一般例外）的要求，应符合《TBT 协定》与《SPS 协定》的要求。

本章定位

本章定位于分析水产品国际销售环节的规则变动，分析对象为海洋渔业资源养护措施的合法性。在细致分析海洋渔业资源养护措施合法性问题的基础上，提出海洋渔业资源养护措施合法性的实质、形式标准。

第三篇

海洋渔业资源养护
国际规则的前沿领域
正在转向传统的国内法范畴

第七章　公共财政：为渔业补贴建立国际规则来养护海洋渔业资源

第二次世界大战以后，过度捕捞损害着海洋渔业资源，渔业补贴被视为过度捕捞的重要刺激因素。进入 21 世纪以来，联合国、粮农组织、世界贸易组织已经下决心从渔业补贴下手来抑制过度捕捞以及由渔业补贴带来的贸易扭曲。为渔业补贴建立国际规则的努力已经开始，这是一场多方利益的深度博弈，也是规则设计的激烈竞争，更是关乎人类命运的重要抉择。

一、国际法视野中渔业补贴的概念考察

为发展海洋渔业，正如其他农业部门一样，许多国家实施渔业补贴。渔业补贴曾被认为属于一个国家内部事务，没有引起国际关注。伴随着渔业资源被过度利用，联合国和国际组织逐渐给予关注和重视，试图为渔业补贴设置国际规则，目前国际谈判仍然在进行中，已经取得的成果十分有限。

（一）渔业补贴是公共财政对渔业部门的正向支持

渔业补贴（Fisheries Subsidies）是一个合成词，直接理解为一国政府对渔业的财政支持。粮农组织、世界贸易组织均有自己的渔业补贴定义。目前渔业补贴的计算标准并不统一，这与其概念不确定有关。

第一，粮农组织的渔业补贴概念过于宽泛，包括了渔业政策的全部。

粮农组织渔委会在2002年《渔业补贴识别、评估和报告指南》（以下简称《指南》）中给出了渔业补贴的定义：补贴是政府干预或缺少干预，而且这种干预或缺少干预对渔业部门有影响并有经济意义。这里所说的经济意义是指对渔业行业利润率的影响。《指南》将补贴定义为行动或无行动，补贴的接受方是"渔业部门"而不是"其他政府单位"。[①]《指南》对渔业补贴的定义可以归纳为："针对渔业行业的政府行动或无行动，这种行动或无行动改变了渔业行业的短期、中期或潜在利润。"根据该文件，渔业补贴可以分为4类：① 直接财政转移；② 服务和间接财政转移；③ 造成短期和长期影响的干预；④ 缺乏干预。

第二，世界贸易组织的渔业补贴概念过于狭窄，集中于财政支持领域。

《补贴与反补贴措施协议》（以下简称为《反补贴协议》）是世界贸易组织关于补贴的基本协议。将《反补贴协议》的补贴的定义适用于渔业部门，从而得到渔业补贴的定义。《反补贴协议》认定的补贴为："如果一国政府或成员国境内的公共机构提供了财政捐助，而且这种捐助符合某些特定条件，或者存在GATT第16条意义上的任何形式的收入或价格支持，就视为存在补贴"。根据《反补贴协议》规定，补贴包括：政府直接转让资金（如赠予、贷款、资产投入），潜在的直接转让资金或债务（如贷款担保）；政府应收的收入抵扣或不征收（即税收方面的减免）；政府对非一般基础设施提供货物或服务；政府向基金组织或信托机构支付或委托私人机构履行。

---

① 《渔业补贴识别、评估和报告指南》（FIPP/R698），第4章第1条。

与粮农组织的概念相比较，世界贸易组织的渔业补贴具有如下特征：① 渔业补贴是一种公共财政支持，一定是正向的收入增加或价格支持。补贴的目的是增强鱼类产品在国内外市场上的竞争力；② 渔业补贴的对象主要是国内生产与销售企业，渔业补贴的对象不包括一国渔业科研机构、渔民培训教育机构；③ 渔业补贴的方式可以是行政命令的给付行为，也可以通过立法方式来完成。

（二）不同类型的渔业补贴并非均属于世界贸易组织概念下的渔业补贴

我国部分学者在研究中没有注意渔业补贴概念差异。[①] 目前我国研究中的渔业补贴概念并不统一，但总体上更多倾向于粮农组织的渔业补贴概念。这个概念过于宽泛，计算起来存在难度，但是能够反映问题的全貌。以我国的渔业补贴实践为基础，放眼环球各国

---

① 有学者列举了中国渔业补贴有 18 种：（1）渔船燃油免税或差价补贴；（2）政府转移支付税收；（3）减收捕捞渔民各类渔业费；（4）渔业企业技改与新产品开发贷款补贴；（5）渔船或捕捞许可证的赎回补贴；（6）捕捞渔民转产专业补贴；（7）渔民的教育培训和渔业科技推广；（8）远洋渔业开发新渔场补贴；（9）渔业管理补贴；（10）用于养殖业的科研或品种改良的；（11）检疫，防疫及质量控制补贴；（12）开拓国际市场的补贴；（13）发展水产养殖业的补贴；（14）渔港建设补贴；（15）海洋渔业开发和科研补贴；（16）养殖贷款补贴；（17）水产品龙头企业贷款贴息；（18）远洋自捕鱼进口免税补贴。参见：肖勇，“中国东海渔区渔业补贴状况及对渔业资源利用影响”，《中国渔业经济》，2004 第 5 期，第 31-32 页。也有学者研究认为我国的渔业补贴主要有 10 个方面：（1）渔政执法；（2）渔港工程：渔港的码头和防波堤、水下工程建设，渔业航标的维修和养护等；（3）减船转产：渔船的报废拆解补助等；（4）环保工程；（5）病害防治；（6）种质工程；（7）综合开发：渔业各种经营示范项目建设等；（8）水产科技；（9）技术推广；（10）燃油补贴，该类补贴在 2006 年才开始实行，主要是渔船柴油补贴。参见：朱婧，周达军，“关于现阶段我国海洋渔业补贴政策的思考——基于舟山市的调查”，《中国水运》，2012 年第 5 期，第 37-39 页。江明方认为我国存在 6 种渔业补贴：（1）渔业柴油补贴；（2）渔业购置补贴；（3）渔业保险补贴；（4）渔民伏休补贴；（5）渔民转产转业补贴；（6）渔民失海补贴。参见江明方，“完善我国渔业补贴政策的思考”，《中国渔业经济》，2011 年第 2 期，第 26-27 页。

渔业补贴的理论与实践活动，将渔业补贴按目的进行分类，分为4种类型。通过这次分类来厘清这4类渔业补贴与世界贸易组织概念下的渔业补贴的关系。

1. 生态补偿型渔业补贴不是世界贸易组织概念下的渔业补贴

生态补偿型渔业补贴是以保护海洋生态环境，促进人与海洋和谐发展为目的，根据生态系统服务价值、生态保护成本、发展机会成本，运用政府和市场手段，调节生态保护利益相关者之间利益关系的公共补贴制度。生态补偿理论认为过去大量的渔业生产投资，是导致目前阶段渔业产能过剩和过度捕捞的主因。此类渔业补贴主要是渔民转产转业补贴、渔民失海补贴。此类补贴的主要内容包含通过政府的直接补助或贷款，收购过多的渔船和经营执照，移除过剩产能，减缓关键经济鱼种的衰退，促进海洋生态平衡，减少渔业产能的环境压力。

此类补贴的目的是生态补偿，而非发展渔业产业，并非国际贸易法意义的补贴。依据世界贸易组织的标准，渔民转产转业补贴的本质不是补贴，而是一种补偿，是对于依法获得的渔业权被剥夺给予的现金补偿。同样的道理，渔民失海补贴也不应该认为是一种补贴，也是一种补偿。

1995年以来，我国逐渐在全国除了南海南部以外的其他管辖海区全面推行的伏季休渔制度，目的在于减轻捕捞强度，保护大量的经济幼鱼，客观上也起到了生态修复的功能，所以应归入此类。渔民在伏季休渔期间是几乎没有收入的，需要政府的支持。这笔钱是用来维持休渔期间渔民的正常生活的，应该被称为渔民补贴，也不能被称为渔业补贴。

2. 利益诱导型渔业补贴是世界贸易组织概念下的渔业补贴

该类型的渔业补贴是通过财政税收等手段诱导渔业生产者或经

营者遵循政府的政策意图。以税收形式存在的政府补贴包括营业税、渔民所得税的税收减免和延期、加速折旧等。此类补贴具有激励渔业发展的作用。例如：为了发展远洋渔业，我国曾规定进口用于远洋渔船且国内不能生产的船用关键设备和部件，免征进口关税和进口环节增值税；对国内能够生产但性能指标不能满足需要的船用关键设备和部件，进口时按1%税率计征进口关税。

渔业柴油补贴是利益诱导型渔业补贴。我国的渔业柴油补贴正式名称为渔业油价补助，这是党中央、国务院出台的支渔惠渔政策。渔业柴油补贴是针对我国海洋捕捞渔业发展进入高成本阶段的情况下出台的，是国务院对渔业这个具有弱质性的行业给予的专项补贴，参照农业柴油补贴执行。根据《渔业成品油价格补助专项资金管理暂行办法》，渔业油价补助对象包括：符合条件且依法从事国内海洋捕捞、远洋渔业、内陆捕捞及水产养殖并使用机动渔船的渔民和渔业企业。

3. 风险分担型渔业补贴不是世界贸易组织概念下的渔业补贴

该类型的渔业补贴通过转移性支出帮助渔民或渔业企业度过暂时财务难关，实现渔业稳定发展。转移性支出表现为资金无偿的、单方面的转移。该类型渔业补贴包括渔民失业保险、渔业海难救助等。例如：为了保证渔民收入，挪威政府给与渔民的直接补贴包括收入保险、渔民保险、假期补贴3个部分。渔业保险补贴本身并不是渔业补贴，这种资金支持的目的是维持政策性保险制度的运行，而不是向渔业生产者提供直接的金钱给付。

风险分担型渔业补贴属于社会保障的范畴，并不直接作用于渔业生产、加工与销售环节。尽管风险分担型渔业补贴也会影响渔业企业、个人的国际竞争力，仍不应被视为世界贸易组织概念下的渔业补贴。

4. 公共服务型渔业补贴不是世界贸易组织概念下的渔业补贴

该类型的渔业补贴通过财政资金来支持水产品研发、技术推广、渔民教育培训、渔业社会化服务体系建设等政策，在渔业领域实现政府公共服务。这样的模式包括了渔港建造补助、渔业后勤管理、渔业科研方面等。此类渔业补贴不仅用于科研、咨询以及行业协会的日常工作，还用于海岸巡逻检查、环境监测活动。

公共服务型渔业补贴是政府履行公共服务职能的一部分。各国政府组织架构不同，提供公共服务的能力与水平存在差异，这些会对渔业生产产生影响，但并不应视为政府对渔业生产者、经营者的财政支持，因此不属于世界贸易组织概念下的渔业补贴。

二、为渔业补贴建立国际规则的努力分析

渔业补贴问题的复杂性源自于它与国际贸易、可持续发展、生态环境、社会经济之间的互动关系。有观点认为渔业补贴推动了过度捕捞、渔业产能过剩，是渔业资源可持续利用的主要挑战。这个结论仍需要经济学的数据支撑。国际社会一直致力于为渔业补贴建立一套国际规则，进行了艰苦的努力。

（一）以世界贸易组织为平台的国际谈判在艰难中前进

从逻辑上来说，渔业属于农业，渔业补贴的国际谈判应由粮农组织负责，或者由于渔业补贴涉及问题多，应由联合国大会发起国际谈判，无论如何，联合国框架是渔业补贴谈判的最佳场所。粮农组织、联合国大会在这方面的确努力过，但没有取得任何有价值的成果。这与其过于宽泛的渔业补贴概念有关，也涉及到联合国体系的效率与公平问题，更与渔业补贴问题本身的复杂性紧密相连。

联合国环境计划署（简称 UNEP）一直密切关注 WTO 谈判进

程和政府渔业补贴改革，2011 年联合国环境计划署出版了题为《渔业补贴、可持续发展和世界贸易组织》的报告指出："渔业补贴谈判需要解决的几大挑战，包括确定禁止补贴范围以及划定特殊情况，确保发展中国家获得特殊和区别对待等；为了禁止政府渔业补贴、采取新措施确保世界海洋的可持续性和生命力，亟须加快世界贸易组织平台的国际谈判进程，以达成相关国际协议"。[①]

世界贸易组织，本质上只能处理贸易及其相关问题。一般认为，世界贸易组织存在 3 个层面的角色。第一，世界贸易组织是组织国际贸易谈判、推进贸易自由化的国际平台；第二，世界贸易组织是一个独立的政府间国际组织，管理世界贸易活动，负责报告、监督以及执行《马拉喀什协定》及其附件；第三，世界贸易组织有着独立的争端解决机制，能够处理国际贸易争端。

多年来，世界贸易组织内设的贸易和环境委员会（CTE）持续关注并多次讨论渔业补贴问题。鉴于世界贸易组织已经有了完整的补贴概念，以世界贸易组织为平台的国际谈判从一开始受到了《反补贴协议》的影响，但该协议不足以规范渔业补贴，渔业补贴谈判需要解决诸多问题来建立国际规则。

1999 年 3 月美国在日内瓦世界贸易组织的一次会议上提出应禁止贸易扭曲和环境破坏的渔业补贴。2001 年，在多哈举行的世界贸易组织部长级会议上，渔业补贴规则成为多哈部长级会议谈判小组内的一个重要议题，各国同意改进渔业补贴的国际规则。2002 年渔业补贴议题在被正式列入世界贸易组织多哈回合的谈判之中。2005 年，香港部长级会议进一步将最初《多哈宣言》中关于渔业补贴的内容调整为《香港部长宣言》的新表述，旨在增加缔约方渔业补贴

---

① UNEP，"UNEP 密切关注 WTO 谈判进程和政府渔业补贴改革"，《中国环境科学》，2011 年第 2 期，第 306 页。

的透明度和可执行性。从 2005 年到 2011 年，基于世界贸易组织平台的渔业补贴国际谈判十分活跃，逐步涌现多种方案。到 2016 年年底，各方仍然没有达成一致，谈判陷入停滞。

2017 年 12 月 10 日世界贸易组织两年一度的部长会议（MC11）在布宜诺斯艾利斯（Buenos Aires）召开，各方希望在 2020 年左右就渔业补贴达成有约束力的协议文本。尽管各方均认可应禁止可能促进或者支持 IUU 捕捞的渔业补贴，但由于发达国家、发展中国家、最不发达国家等国家团体就建议文本内容差异大，对于何为造成过度捕捞的渔业补贴，如何识别、处理其他类别的渔业补贴无法达成一致，很难达成有实质意义的成果。[①]

到目前为止，谈判各方已经通过部长会议达成了两份程序性文件，为将来渔业补贴国际谈判取得成果铺平了道路。这两份文件是《内容涉及禁止如下渔业补贴：与 IUU 捕捞相关、与过度捕捞鱼类种群相关、与渔业产能过剩相关、与渔业产能增长相关以及导致过度捕捞；通知与透明度；特殊与差别待遇的谈判工作文件》[②]《非官方谈判文件：渔业补贴规则谈判小组非书面工作手册》[③]。

（二）设想中的《渔业补贴协议》成为《反补贴协议》的组成部分

以世界贸易组织为平台进行渔业补贴国际谈判，意味着作为谈判结果的《渔业补贴协议》要接受《反补贴协议》中的补贴概念，《渔业补贴协议》与《反补贴协议》之间是特别法与一般法的关系，谈判各方的建议稿对此给予了肯定。

---

① 世界贸易组织官网，https：//www. wto. org/english/tratop_e/rulesneg_e/fish_e/fish_intro_e. htm，访问时间：2019 年 6 月 2 日。

② 世界贸易组织文件编号：TN/RL/W/274/Rev. 2。

③ 世界贸易组织文件编号：RD/TN/RL/29/Rev. 3。

《渔业补贴协议》是《反补贴协议》的一部分，《渔业补贴协议》中的补贴即为《反补贴协议》的补贴概念。印度尼西亚建议稿表述为，《渔业补贴协议》中的补贴应为专向补贴，符合《反补贴协议》第1条第1款和第2条的要求。在这个问题上，欧盟的立场几乎与印度尼西亚相同，欧盟建议稿有一点补充，《渔业补贴协议》不适用于水产养殖补贴和燃料减税计划，或者对自然灾害造成的损失给予补偿。[①] 新西兰建议稿也持有同样的立场，但坚持除了禁止的补贴外，符合《反补贴协议》的渔业补贴仍将继续有效。

《反补贴协议》的两项制度引起了谈判代表的普遍关注，一是为维持透明度而设立的补贴通知、识别制度，《渔业补贴协议》也需要建立同样的制度，如果没有此制度，会构成对《反补贴协议》的违反；二是依据《反补贴协议》建立的反补贴委员会，《渔业补贴协议》也有必要建立同样的机构，由缔约方派出委员组成的渔业补贴监督委员会，这个机构将会成为谈判焦点，该委员会需要明确其在确认IUU捕捞、渔业补贴方面，在解决国际争端方面的权限，尤其是该委员会与区域渔业管理组织（RFMO）的分工配合问题。

由于《反补贴协议》是《建立世界贸易组织马拉喀什协议》的附件之一，《渔业补贴协议》的缔约方将有义务遵守世界贸易组织机构其他规则，例如缔约方应根据GATT第16条第1款履行通知义务，遵守《反补贴协议》的其他要求等。

《反补贴协议》是世界贸易组织的成员国必须遵守的，不允许有例外。如果将此要求延伸到《渔业补贴协定》，这是变更成员国的条约义务，还是对《反补贴协议》做出的解释？如果是前者，需要世界贸易组织成员国的批准后方能生效；如果是后者，无须批准，只要成员国没有发表声明而主张持续反对就可以发生效力。从

① 世界贸易组织文件编号：TN/RL/GEN/181/Rev.1。

目前谈判的情况来看，渔业补贴谈判是独立进行的，《渔业补贴协议》也将会是独立的文本，这再次涉及到其与《反补贴协议》的效力关系问题。

如果作为独立的文件，《渔业补贴协议》需要建立自己独有的运行机制，会产生与区域渔业管理组织的管辖权竞合，这将会深远影响海洋渔业规则与贸易规则的融合统一趋势。将《渔业补贴协议》作为《反补贴协议》的一部分将会有效消除过去发生而现在依然有效的渔业补贴，防止其对国际贸易的扭曲，保障贸易规则适用的补贴环境公平，从而促进海洋渔业资源养护在公平的条件下展开。因此将《渔业补贴协议》视为《反补贴协议》的一部分更具有正当性、有效性。

（三）应禁止的渔业补贴范围是国际谈判的焦点之一

以补贴是否产生贸易扭曲为标准，世界贸易组织依据《反补贴协议》将补贴分为禁止性补贴（红灯）、可诉性补贴（黄灯）和不可诉性补贴（绿灯）3类，即所谓的“交通灯”体系。关于什么样的渔业补贴是禁止性补贴（红灯）的话题，国际社会在世界贸易组织平台进行了10余年的谈判，目前仍然没有达成一致。

2015年9月，联合国可持续发展峰会在纽约总部召开，193个成员国在会上正式通过的17个可持续发展目标（简称SDGs）中涉及到了渔业补贴。SDGs 14.6要求到2020年，禁止某些助长过剩产能和过度捕捞的渔业补贴，取消助长IUU捕捞活动的补贴，避免出台新的这类补贴，同时承认给予发展中国家和最不发达国家合理、有效的特殊和差别待遇应是世界贸易组织渔业补贴谈判的一个不可或缺的组成部分。[①] 该目标是否应该成为拟定中的《渔业补贴协议》禁止的渔业补贴范围，谈判各方就此展开激烈争论。

2019 年 2 月底，世界贸易组织的各国代表就禁止渔业补贴的范围进行深入讨论，会议集中于 3 点：① 澳大利亚建议应禁止针对已经过度捕捞鱼类种群捕捞活动进行补贴；② 新西兰、巴基斯坦与冰岛联合建议应禁止导致过度捕捞或者捕捞船队产能过剩的补贴；③ 如何消除与 IUU 捕捞活动有关的渔业补贴等。[②] ACP 国家集团[③]坚持可持续发展目标应成为《渔业补贴协议》的条款，建议禁止渔业补贴应该有 3 类：① 针对已经过度捕捞鱼类种群的渔船、捕捞及其相关活动的补贴；② 与 IUU 捕捞活动渔船或从业人员有关的补贴；③ 符合《反补贴协议》的补贴要求且导致过度捕捞或者捕捞船队产能过剩的补贴。[④] 新西兰等 3 国的联合建议还要禁止在公海捕鱼的渔业补贴，禁止对在其他国家海域捕鱼活动的渔业补贴，禁止对未评估鱼类种群的渔业补贴。[⑤]

坚定站在发展中国家的立场，印度尼西亚建议禁止的渔业补贴类型独特，着眼于部分国家对渔船以及捕鱼设备的补贴，建议禁止：① 缔约方针对渔船建造、升级以及现代化改造，包括对船舶发动机、传动齿轮、电子系统、机械装备等进行更新改造的补贴；② 对渔船的固定或者可移动设备及其甲板渔业加工设备更新改造的补贴；③ 水上全产业链的渔业补贴，即水上渔业相关活动的补

---

① 联合国官方网站，https：//www. un. org/sustainabledevelopment/zh/ 访问时间：2019 年 2 月 5 日。

② 世界贸易组织官网，https：//www. wto. org/english/news _ e/news19 _ e/fish _ 01mar19_e. htm，访问时间：2019 年 5 月 2 日。

③ ACP 国家集团指 1975 年成立的由非洲、加勒比海、太平洋地区的 79 个成员国组成的政府间国际组织。参见其官网：http：//www. acp. int/node，访问时间：2019 年 5 月 2 日。

④ 世界贸易组织文件编号：TN/RL/GEN/192。

⑤ 世界贸易组织文件编号：TN/RL/GEN/186。

贴，包括但不限于水产品没有登陆前的渔获卸载、水产品包装、加工、转运或运输等环节，补贴的内容包括人员、燃料、设备以及其他相关支持；④ 与 IUU 捕捞相关的渔业补贴；⑤ 能够让悬挂方便船旗的渔船受益的任何渔业补贴。[①]

（四）特殊与差别待遇是国际谈判的焦点之二

渔业补贴谈判中各国代表对特殊与差别待遇的理解不同，对此争议颇多。

相较于其他发展中国家，印度尼西亚对此问题的态度总体是比较温和的，但在建议稿中明确提出发展中国家有权补贴如下渔业活动：① 手工渔业（artisanal fisheries）：要符合 4 个特征，在领海和海岸线附近作业，使用以初级手工机械渔船，由个人或家庭经营，以维持生计或本地交易为目的；② 小规模渔业（small-scale fisheries activities）：作业渔船长度不应超过 24 米，小规模渔业的作业标准要参考印度洋金枪鱼委员会（IOTC）在 2016 年 4 月作出关于渔船授权的规定；③ 沿海国开发其专属经济区内处于未开发状态的渔业资源；④ 发展中国家为维持在区域渔业管理组织的公海捕鱼配额或履行区域渔业管理协定。

新西兰等国联合提出的建议案针锋相对地指出：特殊和差异待遇需要与规则成比例（proportional）且适当（appropriate），不能破坏纪律的有效性。新西兰等国联合提出建议案中应禁止渔业补贴的条文须平等地适用于所有的缔约方。特殊和差异待遇不应适用于其所提出的禁止渔业补贴条款。特殊和差异待遇可适用于包括目标能力建设在内的其他禁止性规定、透明度条款或者过渡性安排等。

特殊与差别待遇是国际经济活动的一项基本原则，发展中国家

---

① 世界贸易组织文件编号：TN/RL/GEN/189/Rev. 1。

凭借此原则在国际经贸往来中获取实质上的公平待遇。SDGs 14.6 再次重申："承认给予发展中国家和最不发达国家合理、有效的特殊和差别待遇应是世界贸易组织渔业补贴谈判的一个不可或缺的组成部分。"

《反补贴协议》也承认此原则的重要价值，规定发展中国家可享受的3种特殊待遇，即出口补贴、进口替代补贴、反补贴措施区别待遇。大多数国家承认特殊与差别待遇的法律地位，该原则适用于渔业补贴规则中并不存在分歧。世界贸易组织的渔业补贴谈判中，该原则讨论的核心在于其适用范围和期限，主要有如下两点争议。

第一，特殊与差别待遇是否允许发展中国家成员补贴在其专属经济区内开展的捕鱼活动?

依据专属经济区的国际法理论与实践，沿海国有权根据捕鱼活动的类型或者基于主权权利而设定专属经济区捕鱼权行使的方式，粮农组织的一些文件或部分国家建议文本支持发展中国家补贴在其专属经济区内开展的捕鱼活动。

持反对态度者认为：专属经济区不是自然形成的，而是人为划分的，这就产生两个问题，一是有国家间专属经济区划界不明，主张的专属经济区重叠，专属经济区与公海的界限界定困难等；二是专属经济区内受到补贴的捕捞能力将来会影响到公海，海洋渔业资源还是会被破坏。

持反对态度者还认为：跨界鱼类种群和高度洄游鱼类种群资源主要由区域渔业管理组织负责开发与养护。如果允许沿海国中的发展中国家进行补贴而发达国家不能补贴，这会带来捕捞能力的差距，由此带来捕捞配额的重新调整，将给捕鱼活动带来不确定因素。发达国家担心一些发展中国家成员会以专属经济区捕鱼为借口补贴本国的大型工业船队，改变国际捕鱼能力的平衡，这些将违背特殊与差别待遇的宗旨。

第二，特殊与差别待遇的适用期限是永久的、过渡的还是暂时的？

目前大部分国际条约、协定中发展中国家成员和不发达国家成员根据特殊和差别待遇原则享受的优惠和特殊待遇是无期限的。但是随着协议的推进，许多发展中国家成员在获得技术帮助和享受优惠后，相关领域得到发展并取得一定成绩，发达国家成员不再愿意给予相关优惠，认为其应在获得帮助并度过过渡期后与发达国家成员遵守相同的规则。发展中国家成员特别是最不发达国家成员、小岛屿发展中国家则表示反对，认为这样做违背了特殊与差别待遇的宗旨，不利于其本国持续、健康的渔业发展。由于各国的立场和国家利益不同，此问题的讨论最为激烈，内容也最为复杂，甚至可能因此影响整个谈判的进程。

（五）公海捕鱼补贴是国际谈判的焦点之三

目前国际上渔业补贴多的捕鱼活动主要发生在公海和专属经济区。最近诸多文献中提出关闭公海捕鱼，国际社会对此争论不休。这首先涉及自然科学领域的问题，科学家必须判断出：公海与专属经济区鱼获之间的重叠程度，如果跨鱼类种群或分类群的捕获量因保护公海而在邻近专属经济区内增加，全球捕获量可能会发生怎样的变化。

科学家得出的结论是：用于商业鱼类分类群体数量和价值的小于 0.01%来自公海捕捞，如果关闭公海捕鱼，跨界鱼类分类群体的捕捞量因溢出平均增长 18%，全球捕捞量将不会损失，衡量收入不平等的基尼系数还将从 0.66 下降到 0.33。因此，关闭公海捕鱼对于世界各国之间渔业利益分配的影响可能是中立的，渔业收入不平等的情况可能减少50%。[①]

由于公海捕捞活动航程远、难度大、危险系数高，如果不对公海捕鱼活动进行补贴，公海渔业将难以为继。这使得渔业补贴谈判的过程中，国际社会争议的焦点从是否关闭公海捕鱼转移到了是否必须取消公海捕鱼补贴的问题上。

新西兰、冰岛与巴基斯坦的联合建议案中明确要求禁止对公海渔业进行补贴。基于特殊与差别待遇的要求，最不发达国家和ACP国家集团成员也要禁止补贴在公海进行的大型商业捕鱼或者工业化捕鱼活动。印度尼西亚的对此持反对意见，认为《渔业补贴协议》不应妨碍发展中国家在区域渔业管理组织或者区域渔业协定中享有的公海捕鱼权，发展中国家有权据此继续补贴公海捕鱼活动。

一般而言，如果没有渔业补贴，公海捕捞活动利润很低。通常只有国家才有能力通过公共基金补贴捕捞船队，这样船队才有机会去公海捕鱼。世界上从事公海捕鱼的国家主要有10个，这些船队大多严重依赖各种补贴以保持盈利。燃料补贴是公海捕鱼补贴中最大的一类，占补贴资金总量的15%～30%。发达国家拨付的燃料补贴占全球总量的70%。依据目前公布的数据分析，如果没有这些补贴，公海捕捞渔业无法进行。[②]

如果不发放公海捕鱼补贴，发展中国家成员在成本上将居于弱势，因为发达国家已经提前开发并补贴了几十年，没有补贴的发展

---

① U. Rashid Sumaila, Vicky W. Y. Lam, Dana D. Miller, Louise Teh, Reg A. Watson, Dirk Zeller, William W. L. Cheung, Isabelle M. Côté, Alex D. Rogers, Callum Roberts, Enric Sala & Daniel Pauly, *Winners and losers in a world where the high seas is closed to fishing*, Scientific Reports 5, 2015, pp. 1-6.

② Global Ocean Commission, From Decline to Recovery: A Rescue Package for the Global Ocean (Report 2015), http://www.some.ox.ac.uk/wp-content/uploads/2016/03/GOC_report_2015.July_2.pdf accessed Feb 6, 2019.

中国家公海船队不可能赶上发达国家成员，现在一律停止公海渔业补贴是不公平的。基于生态环境利益来看，通过补贴扩张捕捞活动范围至公海并不必然减轻专属经济区内的压力，反而不利于整体海洋生态系统的可持续发展。两种观点间利益的矛盾冲突都不存在让步的可能，也许关闭公海捕鱼是最佳选择，这也成为渔业谈判中最难的问题之一。

（六）渔业补贴的程序性问题是国际谈判的焦点之四

除了上述传统实体领域的焦点外，此次谈判的焦点还涉及若干可能影响保障实现渔业补贴政策目标的程序问题。例如，如何确定新型渔业补贴的范围，界定新型渔业补贴是否需要特别程序；渔业补贴国际争端如何解决，遭遇不公平待遇时候如何获得救济等；发展中国家主张的特殊与差别待遇原则如何落实；如何保障渔业补贴承诺透明与可执行等。

关于渔业补贴的程序性问题仍然有两种截然不同的建议取向，部分发达国家与欧盟主张有必要建立一套与规则相配套的机制，实现渔业补贴的透明化，便于监督与审核。新西兰等国提出的建议稿指出：拟定的规则中要有明确的报告制度，以实现对海洋渔业有效的监测、监视以及执行，这些规则要能够达到渔业补贴计划对贸易和资源影响的评估要求。考虑到渔业补贴对资源影响评价的重要性，各成员国应全面提供渔业补贴信息，详尽程度要超出《反补贴协议》第 1.1 条和第 2 条要求的范围。下面这些信息是基本要求：（a）渔业补贴计划名称；（b）该计划的法律依据和授权机关；（c）按提供补贴的渔业种群分列的渔获量数据；（d）提供补贴的渔业中鱼类种群的状况（例如，过度捕捞、完全捕捞、未充分捕捞）；（e）提供补贴的渔业船队捕捞能力；（f）针对有关鱼群已经采取的养护与管理措施；（g）受补贴水产品每年的进出口总额。

关于渔业补贴的程序性问题，发展中国家并不认同建立配套机制的必要性，没有必要设立复杂的监督与审核机制，应以公布（Notification）制度来保障透明度即可。ACP 国家集团给出的建议稿指出：根据 GATT 第 16 条第 1 款与《反补贴协定》第 25 条的要求，缔约方应将所有本国提供的应禁止渔业补贴公布，公布的信息包括该补贴直接、间接的或者在多大程度上支持海洋捕鱼活动，这些公布的信息不应涉及保密信息，尤其是商业秘密不要求公开。公布补贴信息不应给发展中国家（尤其是最不发达国家）的捕捞能力限制活动造成负担。印度尼西亚的建议案没有这方面的要求。

三、渔业补贴国际谈判中的中国利益、立场与建议

全球渔业的发展除了依靠人类的需求推动外，渔业补贴也是重要的刺激因素。面对当前严峻的资源状况，养护海洋渔业资源成为每一个国家应尽的义务。为渔业补贴建立国际规则能有效缓解当前渔业资源面临的巨大压力，让过度开发的鱼类种群得以喘息，有利于缓解船队规模不断扩张与日益减少的渔业资源之间的矛盾，实现渔业资源的可持续发展。

根据我国农业农村部的统计数据，我国的远洋渔业捕捞能力位于世界前列，海洋渔业总产量世界第一，是名副其实的渔业大国。在世界贸易组织举行的渔业补贴国际谈判将对世界渔业生产格局产生深远影响。我国派出了代表团参与此次国际谈判并拿出了自己的建议稿，展现出负责任大国的形象。

（一）渔业补贴国际谈判对中国渔业生产的影响

渔业补贴国际谈判总体上不利于我国的渔业生产，这是由我国

渔业产业的总体状况决定的，也与我国长期积累的渔业行政管理习惯有关，总结起来，原因主要有以下 3 个方面。

第一，我国的渔业油价补贴面临挑战。

为配合 2006 年石油价格形成机制改革，我国着手实行油价补贴政策，对渔业等部分困难群体和公益性行业实行补助政策。渔业油价补贴政策是一项重要的强渔惠渔政策，是渔业历史上获得的资金规模最大、受益范围最广、对渔民最直接的中央财政补助，是中央“三农”政策在渔业的具体体现。2006—2014 年，中央财政累计安排渔业油价补贴资金 1 484 亿元，其中 2014 年为 242 亿元，较好地弥补了渔业生产成本、增加了渔民收入、保障了成品油价格机制改革顺利推进。但渔业油价补贴政策执行中存在着信号扭曲、逆向调节、监管滞后等问题，亟须做出调整。

2015 年 7 月，我国财政部、农业部联合发出通知，计划至 2019 年将国内捕捞渔业油价补贴降至 2014 年的 40%，力争减少国内捕捞渔船数量和功率，优化捕捞作业结构，有效控制捕捞强度。我国的渔业补贴政策要按照总量不减、存量调整、保障重点、统筹兼顾的思路，将补贴政策调整为专项转移支付和一般性转移支付相结合的综合性支付政策。①

第二，我国的渔业补贴范围过于广泛。

在我国渔业行政机关的公文中，渔业补贴被泛指用于渔业生产的各种财政支出。我国行政文件中，生产实践中的渔业补贴概念过于广泛，范围远大于粮农组织的概念，更是比世界贸易组织的概念宽泛很多。这给其他国家留下了我国渔业补贴种类多、数量大的印象，与我国渔业生产人口多、底子薄、补贴种类少、补贴水平低的

① 李奕雯，“渔业捕捞和养殖业油补政策获调整 捕捞业油补五年内降至 2014 年补贴水平的 40%”，《海洋与渔业》，2015 年第 8 期，第 24–25 页。

实际情况不符，为我国参与渔业补贴国际谈判带来不利。

尽管我国在 2001 年 12 月已经成为世界贸易组织成员，渔业生产的行政管理部门也进行了改革与调整，但我国也没有依据世界贸易组织的渔业概念对多种“渔业补贴”进行分类，从而无法大体上分析出我国涉及禁止性补贴的种类与金额，更没有依据作业规模对捕捞渔业分类为手工渔业（artisanal fisheries）、小规模渔业、大规模渔业；或依据作业工具将捕捞渔业分为传统捕捞、商业捕捞等。

我国是渔业大国，渔业人口多，基础薄弱，渔业问题是“三农问题”的重要组成。我国大部分近海渔业活动是为了保障和促进民生，属于勉强维持生计的类型，对于部分群众脱贫致富有着重要的意义，这与发达国家工业化捕鱼有着本质差别，然而，我国的渔业统计中甚至没有此类渔业的名称，更不要说统计数据了。将维持民生的基本需要与商业捕鱼相混淆，这也是不尊重现实的表现。

第三，我国的远洋渔船数量大，但远洋渔业装备和技术水平相对较低。

根据我国远洋渔业协会 2016 年的统计，我国远洋渔船数量在 2 300艘以上，总功率 220 万千瓦，总产量 205 万吨，总产值 190 亿元，船队总体规模和远洋渔业产量均居世界前列。

由于资金投入不足，我国远洋渔业呈现装备严重老化和技术显著落后等特点。国际上远洋渔业装备发展趋势主要是大型化、信息化和节能化，大型渔船尺寸达百米，吨位上万，并配备各种先进探测及渔获处理系统，目前我国远洋作业渔船 90%以上为 24~60 米的中型渔船，与欧美日等远洋渔业发达国家差距较大。以全国规模最大的福建远洋渔船为例，平均渔船吨位仅 384 吨，最大的远洋渔船 1 408 吨，最大的渔业辅助船也仅 2 946 吨。与此同时，渔业科技方面仍显薄弱，捕捞效率和渔获物的选择性差距明显。以南极磷虾为例，据统计，其资源蕴藏量达10亿多吨，合理的年度可捕获量为近亿吨。日本、韩国、挪威、美国等国年产量约15万吨，而我国年产量仅约1万吨，总体产量仍十分低。[①]

渔业补贴国际谈判的目的是建立关于渔业补贴的国际规则。由于我国海洋渔业正处于产业升级阶段，亟需政府资金投入，欧美发达国家已经经过了这个阶段，现在缔结《渔业补贴协议》将不利于我国渔业产业升级、渔民增收以及维护远洋渔业产业链、拓展我国水产品的国际占有率等目标的实现。如果现在达成协议，没有暂缓期限的话，我国远洋渔业从业人员、行政机关、社会团体、科研机构以及产业链的利益相关者都会遭受损失。

（二）中国在渔业补贴国际谈判中的立场与建议分析

2017年11月，世界贸易组织的渔业补贴国际规则谈判小组应中国代表团的要求分发了题为“禁止对IUU捕捞进行补贴”的中国建议案。分析这份建议案，对考察我国参与此次谈判的立场有着重要意义。

第一，我国建议将禁止补贴的范围集中在IUU捕捞活动，范围小但明确。我国建议案前言明确3个方面的内容：

（1）打击IUU捕捞的重要性，注意到IUU捕捞对世界渔业的有害影响；SDGs 14.6要求到2020年消除支持IUU捕捞的补贴；应认识到粮农组织在打击IUU捕捞方面所做的努力。

（2）世界贸易组织作为谈判平台的重要地位，SDGs 10指出，世界贸易组织建立普遍、基于规则、开放、非歧视和公平的多边贸易体系，包括通过在其多哈发展议程下完成谈判。

---

① 孟昭宇，杨卫海，“我国远洋渔业发展的机遇与挑战”，《中国国门时报》，2016年9月5日第3版。

（3）强调坚持特殊和差别待遇的重要性，世界贸易组织“多哈和香港部长级宣言”的授权，特别是香港部长级授权，“对发展中成员和最不发达成员适当和有效的特殊和差别待遇应成为渔业补贴谈判的一个组成部分，考虑到这一部门对发展优先事项，减贫以及生计和粮食、安全问题的重要性”。

第二，我国建议明确 IUU 捕捞活动的认定。

我国建议稿中明确，渔业补贴仅应归属于授予其的成员方，无论船舶的旗帜为何。对 IUU 捕捞活动的认定有两种途径：

（1）船旗国途径，即应由船旗国根据其国内法律法规确定，包括通过名单的形式。船旗国和补贴国不一样的，应当向补贴国通报有关渔船，并由补贴国通过适当程序核实。

（2）区域渔业管理组织途径，即应由相关的区域渔业管理组织（RFMO）通过名单并根据以下程序确定：a. 有关渔船应由区域渔业管理组织通知该船只的船旗国；b. 所谓的 IUU 捕捞活动应由船旗国成员与相关区域渔业管理组织根据积极的证据和适当的程序，并根据国际法、协定和规则进行联合调查和核实。

第三，我国建议明确特殊和差别待遇的地位、内容等。

我国建议稿中明确，发展中成员和最不发达国家应对捕捞渔业进行分类，依据本国法律、法规和政策来确定 3 类渔业：小规模渔业、手工渔业（artisanal fisheries）和维持生计渔业（subsistence fishing）。发展中成员和最不发达国家有权宣布在若干年内执行困难，这 3 类渔业在若干年的过渡期限内享有豁免权，该国相关补贴将会免于适用涉及 IUU 捕捞的禁止性规定。

2018 年 11 月，在亚太经合组织工商领导人峰会上的主旨演讲中，习近平主席指出，“特殊与差别待遇”是世界贸易组织的重要基石，这一原则不能否定。有学者指出，只有坚持“特殊与差别待遇”原则，促进发展中国家不断增强自我发展能力，逐步提升自身经济社会发展水平，才能增强其进一步开放市场的信心，让其在实现自身发展的同时为世界各国共同繁荣贡献力量。①

第四，我国建议明确渔业补贴规则将不影响领土、主权以及海洋管辖权。

我国建议稿中明确，《渔业补贴协议》的任何内容均不得解释为对领土、主权以及海洋管辖权有任何法律影响。任何涉及领土，主权或海洋管辖权争端的捕鱼活动均应排除在本协定范围之外，不构成本协定下的 IUU 捕捞。《渔业补贴协议》中“解决争端规则和程序的理解”不适用于与领土、主权以及海洋管辖权问题相关的任何措施或情况。当任何缔约方根据《渔业补贴协议》主张与领土，主权或海洋管辖权有关的争议时，有关的争议程序应立即自动终止，除非争端解决机制（DSB）以协商一致方式作出决定。

这是为了将《渔业补贴协议》的管辖事项限制在渔业补贴范围内，避免有些国家滥用争端解决机制，引起其他涉及领土、主权以及海洋管辖权的争端。这种担心不是没有必要的，在我国提出建议案后的两周左右，2017 年 11 月 15 日，菲律宾提出题为“禁止补贴争议水域渔业活动”的建立议案，直接涉及到我国南海权益。

菲律宾建议要求在谈判小组 2017 年 11 月 10 日发出的谈判文本第 3 条（关于禁止的补贴）第 2 段中增加如下表述：“世界贸易组织的成员国不应向争端水域的渔业和相关活动提供补贴，除非有关其他成员国已通过向世界贸易组织发出联合通知表示同意。各成员国应在不迟于 2020 年停止提供此种渔业补贴。”②

① 陈卫东，“‘特殊与差别待遇’是世界贸易组织的重要基石”，《理论导报》，2019 年第 1 期，第 25 页。

② 世界贸易组织文件 WT/MIN（17）/64。

本章小结

粮农组织认为，渔业补贴是公共财政对渔业部门的正向支持，范围广泛。世界贸易组织的渔业补贴概念范围狭小，以利益诱导型为主，不包括以生态修复、风险分担、公共服务为目的财政支持。以世界贸易组织为平台的国际谈判在艰难中前进，设想中的《渔业补贴协议》成为《反补贴协议》的组成部分。国际谈判的焦点有 4 个：应禁止的渔业补贴范围，特殊与差别待遇，公海捕鱼补贴，渔业补贴的程序性问题。渔业补贴国际谈判总体上不利于我国的渔业生产，我国建议案主要有 3 点：将禁止补贴的范围集中在 IUU 捕捞活动，明确 IUU 捕捞活动的认定，明确渔业补贴规则将不影响领土、主权以及海洋管辖权。

本章定位

本章定位于研究海洋渔业资源养护所涉及公共财政领域的国际规则变动，分析焦点集中在世界贸易组织平台进行中的渔业补贴谈判。在细致分析当前渔业补贴国际谈判基础上，指出该谈判对我国的影响，并分析我国建议案。

第八章　市场流通：以水产品标签打击 IUU 捕捞来养护海洋渔业资源

除了生产、运输与销售外，打击 IUU 捕捞的另一个关键环节在流通领域。如果能杜绝不良行为者出售其渔获并阻止其获得利润，就没有人愿意从事 IUU 捕捞活动。能否做到这一点，要害在于将 IUU 捕捞的渔获与正常的水产品区别开来，水产品标签的功能就在于此。水产品标签需要记录信息有：它是什么类型的鱼，何时何地以何种方式被捕获，由谁捕获和加工，经过何种运输工具，需要怎样的烹饪方法、注意事项有哪些等。市场管理者、消费者能依据水产品标签鉴别出何为正常的水产品，何为 IUU 捕捞的渔获，从而达到养护海洋渔业资源的目的。

一、水产品标签以产品可追溯制度为基础且具有双重功能

产品标签是市场经济中产品信息展示平台。消费者可以据此初步了解产品信息并决定对商品的选择；生产者通过标签实现依法的信息披露，获得合法市场地位；监管者可以据此简化监管行为，实现高效监管。

农产品标签能够表述出产品的来源、品质、加工方法以及安全消费的注意事项等，通过提供安全、营养的食品来保障消费者的健康。相较于其他农产品，水产品多是没有包装，更加不容易制作标

签。与水产品标签相配套的是建立水产品（渔获）的可追溯性制度，这并不是每个国家都能做到的。长期以来，在多数国家，尤其是在发展中国家，流通环节的水产品没有产品标签，这是水产品不同于工业产品的特征之一。

（一）水产品标签依据可追溯制度建立且数量正在逐步增加

伴随着社会分工、国际贸易的发展，生产者与消费者面对面交流的机会逐步减少为零，但生产者有义务向消费者传递产品的生产地点、生产方法等信息。对负责任的消费者来说，水产品的捕获地点、捕获方式和产品品质一样非常重要。水产品标签应运而生。水产品标签已经成为现代渔业的重要特征。

水产品标签具体指贴在水产品或者其包装上用于表明识别产品特性的标签，包括文字、符号、数字、图形及组合。水产品标签的种类很多，有政府要求必须贴的，有生产者获得资格后贴上的，也有生产者自己设计后贴上的。按照是否强制的标准分为政府要求必须贴的标签和生产者自愿申请获得的两类。这里所研究的水产品标签指的是政府强制水产品生产者、经营者必须贴上去的标签和需要专门机构认证后才能够贴上去的标签。

结合当前国内外水产品市场实践活动，水产品标签主要包括3类：地理标志标签、自愿性的生态标签、强制性市场准入标签。限于篇幅，本文将着重研究自愿性的生态标签、强制性的市场准入标签两类，在涉及我国部分，增加少部分地理标志的内容。

发达国家较早地建立了自己的水产品强制标签制度，早在20世纪80年代日本水产厅试行了冰冻鱼品“质量标签”计划。[①] 英国食品标准署（Food Standard Agency）曾颁布了有关水产品标签的

---

① 蒋海涛，“日本试行水产品质量标签”，《中国水产》，1984年第8期，第32页。

准则（Guideline），对水产品标签的发展起到了指引作用。欧盟十分重视水产品在流通领域的安全监管，水产品标签依靠全程可追溯制度。欧盟食品标签法要求对一类产品或者某一产品进行标签，水产品标签的主要依据有：水产品法定标签规则（EC2065/2001）和食品安全与追踪规则（92/59/EEC）以及一般食品法（EC178/2002）。[①]

除了政府强制的标签，水产品标签往往以生态标签的形式出现，北欧国家主张推广水产品生态标签，而发展中国家反对这样的做法，因此国际上出现了关于水产品生态标签的争议。粮农组织的渔业委员会一直关注各国自愿的水产品标签并试图规范。2005年渔业委员会通过了《海洋捕捞渔业鱼和水产品生态标签国际准则》，并于2009年渔业委员会第28届会议通过修订版。[②] 2011年渔业委员会通过了《内陆捕捞渔业鱼和水产品生态标签准则》。[③]

海洋渔业领域，除了各国政府的参与外，目前许多非政府组织已经采取了措施以养护海洋资源，例如海洋管理理事会（Marine Stewardship Council）推出专门针对捕捞水产品的认证制度。海洋管理理事会认为自己的水产品生态标签认证标准是符合粮农组织要求的。[④] 海洋之友（Friend of Sea）推出了认证生态水产品商标、水产品企业的方式规范企业的捕捞、养殖行为。水产品认证领域，我国已经有了自己的生态水产品标签，例如千岛湖有机鱼等。

水产品可追溯制度方面，美国比欧盟起步晚，但进入21世纪以来，为打击IUU捕捞的需要，美国迅速展开行动，已经为进入市

---

① 杨桂玲，叶雪珠，“欧盟食品标签法规管理现状及对我国食品标签体系的建议”，《食品与发酵工业》，2009年第5期，第128-131页。

② 粮农组织文件编号：FIRF/R958（Ch）。

③ 粮农组织文件编号：FIRF/R943（Ch）。

④ 韩保平，方海，“海洋管理理事会水产品认证制度概述”，《浙江海洋学院学报》（自然科学版），2009年第3期，第338-341页。

场流通的所有水产品设立了全面的可追溯性制度。依据该制度，无论是进口还是国内生产，水产品均需有必要的水产品标签。进口水产品是执法的重点，因为这些水产品特别容易受到IUU捕捞或水产品欺诈的影响。水产品标签可以实现贸易跟踪，渔获文件提供的可追溯性信息应与政府文件中的信息相互印证。

（二）水产品标签存在保护消费者权益与影响市场流通双重功能

强制类的水产品标签是行政行为对市场活动的干预，让消费者获得更多的产品信息，有利于保障消费者权益；也是新制度对企业的筛选，运用得当的话，水产品标签有利于增强企业竞争力；如果运用不当，水产品标签会成为新型贸易壁垒，扭曲正常的水产品国际、国内贸易。

第一，水产品标签能够保障水产品质量并保护消费者权益。

水产品属于食品，食品安全的本意是以提供安全的食品来保证人类群体或者个体的生存健康。目前影响我国水产品质量安全的危害因素有生物性危害、化学性危害、物理性危害和天然有毒物质4个方面。[①] 搞好强制类的标签制度有利于政府对于品种多样、数量众多的水产品进行监管，也有利于群众监督和选购。就维护食品安全的价值而言，水产品标签显然优于突击执法或者简单罚款。

在消费者权益获得日益重视的今天，市场上的商品生产者竞相主张自己产品的优势，标签能够展示出更多产品信息，让消费者有更多的知情权和更好的选择权。水产品市场如果没有标签制度，消费者很难辨别其产品特征、捕获时间、捕获地点等信息，这些信息往往与价格、口感、健康等要素紧密相连。

---

① 孙月娥，李超，“我国水产品质量安全问题及对策研究”，《食品科学》，2009年第21期，第493-498页。

第二，水产品标签能提高产品竞争力并产生贸易扭曲。

我国每年出口水产品到欧美发达国家，经常会遭遇技术性贸易壁垒。有学者认为：生态标签成为新的非关税壁垒，威胁着我国水产品国际贸易的深度发展。[①]破解技术壁垒的方式就是通过输入国的水产品标签认证并使用这个标签，这样该水产品就获得了输入国的国民待遇。通过国家之间的水产品标签互相承认，可以减轻企业的负担，让双方的水产品获得同等的法律地位。

从渔民的角度来看，产品标签制度能够为其带来市场的公平与秩序，这些会在整体上增加渔民收入。由于标签制度能够为水产品的市场带来信心，购买和食用水产品的消费者会越来越多，这样会整体增加渔民的收入。

二、以水产品标签打击 IUU 捕捞的国际法合法性具有争议及其展望

当水产品标签成为市场准入的一部分，部分发展中国家的水产品不能达到标签的要求，水产品标签即被视为贸易壁垒。有非政府机构以东南亚国家联盟（ASEAN 简称东盟）为基础展开一项研究表明，输入国的水产品标签法规对东盟国家输出的水产品构成歧视。国际社会围绕水产品标签的制定、实施、效果进行了长期的争论，问题并没有解决，期待将来有明确的结论。

（一）以水产品标签打击 IUU 捕捞获得国际软法的支持

目前没有专门针对水产品标签问题的国际条约，也没有条约反对相关国家设置水产品标签。支持水产品标签打击 IUU 捕捞的国际

① 陈伟，“我国水产品国际竞争力的提升策略”，《湛江海洋大学学报》，2006 年第 2 期，第 1–5 页。

法依据主要来自于2001年3月粮农组织通过的《防止，阻止和消除IUU捕捞的国际行动计划》（IPOA-IUU）（简称《打击IUU捕捞国际行动计划》）。反对设置水产品标签制度的主要理论涉及世界贸易组织规则的解释，本部分着重分析联合国制度下，尤其是粮农组织制度下，设置水产品标签的国际法依据，水产品标签引发的国际贸易法争议放在下一部分分析。

《打击IUU捕捞国际行动计划》第65-76点着重分析了贸易途径打击IUU的方式方法问题。涉及水产品标签的主要有以下两点。

第一，以“国际商定的与市场有关的措施”打击IUU捕捞。支持者认为，这里的“国际商定”应做扩大解释，包括了区域渔业管理组织确定的措施、非政府间国际组织确定的措施等。海洋理事会颁布的水产品生态标签认证体系，具有打击IUU捕捞的功能，应予以支持。反对者认为：这里的“国际商定”应做严格解释，仅指主权国家之间商定的，否则侵犯了贸易国的主权、资源管辖权等。笔者认为，这里的“国际商定”应做适当解释，不能过大亦不能过小；过大则会造成标准不统一，水产品标签容易被贸易保护主义滥用；过小则引起国际争端过多，也存在着水产品输入国的主权需要尊重的现实。对“国际商定”适当解释的核心在于以养护海洋渔业资源的必要为限，这种必要性不能一概而论，而应由区域渔业管理组织、海洋生物科学家国际组织的建议与判断为依据，此外应适当考虑相关国家的商业损失及其补偿等。

第二，第71点要求“各国应当采取适当步骤提高其市场透明度，以便能够跟踪水产品”。第75点要求“各国应当努力适用协调一致的水产品说明和编码系统。”支持者认为，强制的水产品标签计划无疑可以“提高市场透明度”，以可追溯制度为基础的水产品标签将是透明度的体现，整个水产品市场会因此获益。水产品标签可以是国家之间协调水产品说明的成果，生产者、销售者、消费者因此获得相关信息，反对者主张，“适当步骤”是问题的关键，结合“国际商定”来理解“适当”才是正确，水产品标签固然可以增加市场透明度，却让国内市场更加封闭，这会让 IUU 捕捞的渔获进入另外一个不需要标签的市场。

（二）水产品生态标签并不违反《TBT 协定》

世界贸易组织认为：标注环保产品是重要的环境政策工具。对于世界贸易组织而言，关键在于标签要求和做法应遵守最惠国待遇原则，不应歧视贸易伙伴；还要遵守国民待遇原则，也不应歧视外国生产的货物或服务。与自愿性生态标签最相关的世界贸易组织文件是《TBT 协定》。《TBT 协定》对“技术法规”进行了区分，其中部分“标准”是强制性的，部分“标准”是自愿要求。

《TBT 协定》前言指出：国家在其认为适当的程度内采取必要措施，以保护人类、动物或植物的生命或健康及保护环境，但是这些措施应以国际标准实施，不得构成在情形相同的国家之间进行任意或不合理歧视的手段，或构成对国际贸易的变相限制。《TBT 协定》中没有关于自愿标准的解释。2001 年《多哈宣言》要求世界贸易组织贸易与环境委员会（CTE）审查环境措施对市场准入的影响，并审查环境方面的标签要求。到目前为止该委员会或《TBT 协定》的解释中均没有关于生态标签的决议。未形成决议的原因在于各方无法就依据《TBT 协定》来解释生态标签的合法性达成一致。这意味着生态标签并不违反《TBT 协定》。

关于生态标签的国际法合法性，《TBT 协定》的争议点在产品标准是否涉及“与非产品相关工艺和生产方法（PPMs）”。生产者通过产品标签向消费者提供与产品本身无关且消费者看不见的生产方法信息，例如生产对环境的影响。一些发展中国家担心，加入与产品无关的生产和加工方法信息可能会为发达国家打开大门，使其更多地实施与捕鱼方法有关的国内渔业措施，由于发展中国家的渔业生产者没有采用这些捕鱼工具和捕鱼方法，水产品标签的使用传递了这些信息，从而使市场上的水产品区分开来。

发生于20世纪90年代的两起GATT案件表明：非产品相关的PPMs标准是违反国际贸易法的，但自愿性的生态标签具有合法地位。当美国为了保护伴生的海豚，颁布法令禁止从使用围网（purse seines）捕鱼的国家进口金枪鱼时，遭遇两起GATT诉讼：一个是1991年墨西哥为原告①；另一个是1994年欧共体（荷兰）为原告②。在这两个案件中，美国均败诉，专家组认为：美国要求进口商执行与产品无关的PPMs，美国不能根据金枪鱼被捕获的方式禁止金枪鱼进口。值得注意的是，1991年案专家组认可了美国在金枪鱼产品上使用自愿的“海豚安全”生态标签，理由是该方案不限制非标签产品的销售，而是由消费者选择需要的产品。

（三）不同类型的水产品标签打击IUU捕捞呈现不同的趋势

对于生态标签是否构成贸易壁垒，没有共识。水产品领域的生态标签也是如此，但国际实践的发展正在呈现出某种倾向，值得关注。

目前关于水产品生态标签的最全面的国际指导文件是粮农组织颁布的《海洋捕捞渔业鱼和水产品生态标签国际准则》。这份文件是自愿的。尽管贴有生态标签的水产品的数量少，但随着需求的增长，这些水产品对市场的影响值得高度关注，应从以下3个角度来

---

① WTO案件编号：DS21

② WTO案件编号：DS29

重新审视水产品标签。

第一，发达国家政府支持的水产品标签构成了渔业补贴。

在世界贸易组织对渔业补贴严格审查的背景下，公共部门对生态标签认证体系的财政支持应被视为“禁止的补贴”或者应予以通报。如果政府直接或者通过第三方支付认证费用，这是对本国渔业的整体补贴。如果这种补贴导致了贸易优势或改变了市场准入，那么它应该被禁止。生态标签这样运作会引起对发展中国家水产品的歧视，会带来事实上的贸易壁垒效果。

第二，跨国食品企业支持的水产品标签影响企业间公平竞争。

跨国食品公司有着重要的市场影响力，是水产品标签的主要推动者。跨国食品公司在采购政策、市场承诺中均表明自身支持资源的可持续利用，最简单的方式是销售获得认证的水产品，这推动着养护资源的需求传导到整个水产品产业链。水产品认证的需求因此增加。

由于水产品种类繁多，目前认证的水产品数量与品种仍然十分有限，一些大型零售商仍然会感觉供应不足。在这个过程中，跨国食品企业起到了至关重要的作用，也传递了养护海洋渔业资源的要求。在树立企业形象的同时，也存在与认证机构（例如海洋管理理事会）滥用垄断地位，纵向限制竞争从而影响上游企业产业链的风险。水产品标签应存在适当机制为境内外的大小生产者创造公平的竞争环境。

第三，不同的生态标签之间的互相认可正在增加。

无论生产者、消费者，还是政府官员、环保组织都认可生态标签的重要价值，希望生态标签在适当的规则下发展，既要满足养护资源的需要，也要防止成为贸易保护主义的借口。水产品领域的生态标签也面临同样的考验，不同生态标签之间互相承认、互相认可的话题摆在了面前。

水产品生态标签领域主要有国际鱼粉鱼油协会（IFFO）认证、海洋管理理事会（MSC）认证两种方式。由于二者之间没有竞争关系，国际鱼粉鱼油协会承认海洋管理理事会的认证，这在整个认证领域是之前从没有过的。随着打击IUU捕捞活动的深入，水产品生态标签的互认将会显著增加。

2000年5月，依据比利时法律成立的全球食品安全倡议（Global Food Safety Initiative，简称GFSI）是一个由国际贸易协会（International Trade Association）管理运营的独立机构。该机构的宗旨在于实现食品安全标准与农产品质量保证（Farm Assurance）标准的协调统一。GFSI没有独立的成员制度，而是一个由食品安全产业链的利益相关者通力合作的开放平台。企业只有成为国际贸易协会管理之消费货物论坛（Consumer Goods Forum）的会员便可以对食品安全标准发表观点，这些将会影响GFSI对食品标准的制定。

2015年GFSI承认中国的危害分析与关键点控制（CHINA-HACCP）认证制度，这意味着获得我国HACCP认证证书的食品企业进入GFSI认可的供应链时，可以免予采购方审核或国外认证，从而降低贸易成本并提升企业在国际市场的品牌声誉。我国将有超过4 000家获得认证的国内食品生产企业直接受益。①

三、我国的水产品标签的法律性质、问题与建议

通过产品标签来保障我国水产品质量安全，提高产品的国内外市场竞争力，这种方式获得了市场的认可、法律的认可。一般认为

① 国家认证认可监督管理委员会认证认可技术研究所官网，中国HACCP认证制度与GFSI基准比对工作启动会在京召开，http：//www. ccai. cc/tpxw/09/885205. shtml，访问时间：2019年6月3日。

我国渔业行政机关设立了3种水产品的标签认证制度，即无公害水产品标签、绿色水产品标签和有机水产品标签。这3类水产品标签的概念分别是从农产品的无公害食品、绿色食品和有机食品中延伸出来的。无公害水产品是基础，范围最广；绿色水产品和有机水产品一定是无公害水产品。在上述3类水产品中，有机水产品对产品质量和环境质量要求最高。

根据前文分析的水产品标签定义，我国的水产品标签的范围较为广泛，不止上面3种。依据其法律性质的不同可以分为地理标志、生态标签、强制标识3类。我国水产品标签法律制度目前刚刚建立，在实践过程中面临着诸多挑战，还有许多不完善的地方。

（一）应该明确登记的水产品地理标志优先保护原则

“地理标志”一词首次出现在1974年世界知识产权组织谈判中。1994年《TRIPS协定》第22条规定：“地理标志是识别商品原产自成员方境内或其境内的某一区域或某一地点的标记，而该商品的特定质量、声誉或者其他特性在本质上可归因于其地理原产地”。《TRIPS协定》是各国利益与意愿妥协的产物，确立了地理标志国际保护规则的最低标准。[①]

传统上我国有商标局、质检局、农业部3个部门负责地理标志的保护和认证。2001年国家修订《商标法》将地理标志纳入商标保护范围，2005年国家质检总局出台《地理标志产品保护规定》，2007年农业部出台《农产品地理标志管理办法》。这样的地理标志保护规则符合《TRIPS》协定要求，也符合我国在地理标志问题上的国际立场，更是深度保护我国丰富的地理资源的需要。我国水产品标签可以是地理标志，例如经国家商标局核准的“长海海参”，

---

① 王传丽，《国际贸易法》，法律出版社，2005年，第537页。

经国家质检总局批准的“烟台鲍鱼”，经农业部门（渔业）批准的“寿光毛蚶 ”“羊口咸蟹子”“寿光蚂蚬”。这些突出水产品产地信息、文化特征的标签为渔业生产者提供了重要的信誉保障，也为消费者选择提供了便利。

由于多重认证机制的并存，造成商标权与地理标志之间冲突，美国给出的解决方案是注册商标优先，欧盟给出的是登记的地理标志优先。做出不同的选择是由其国家利益驱动的。我国海洋水产品标签在面临上述问题的时候，现有法制尚不能给出统一的解决方法。针对这种情况，我国水产品标签的规则中应该明确登记的地理标志优先原则，允许例外情况。这样做主要有如下原因。

（1）有利于保护和开发我国丰富的水产品资源。我国的渔业资源往往与特定的地域相关联，地理标志更能突出这种地域特征。

（2）有利于保护传统渔民，我国的传统渔民所拥有的商标并不多，但拥有较多的地理标志，保护这些传统渔民的渔业权益就是保护他们的生存权。传统渔民的生存权优于其他人的发展权。

在处理商标权与地理标志之间冲突的问题上，应允许例外情况。我国的水产品地理标志由质监部门和农业部门分别确定，这容易产生两种地理标志之间、地理标志与商标权之间的冲突，如何解决这些问题仍然不能一概而论，要允许例外情况的发生。

（二）应提高我国水产品生态标签的国内外认可度

生态标签又叫环境标志，起源于德国 1978 年的蓝天使计划。我国已经有了由生态环境部环境认证中心负责的中国环境标志。生态标签基于生产者自愿申请而获得，向消费者提供有关产品的环境信息，提醒消费者选购环境负面影响较低的产品，引导生产者提供环境友好型产品，从而达到环境资源可持续利用的目的。生态标签也是证明商标。碳标签是生态标签的一种。[①] 经海洋管理理事会或者海洋之友认证的标签是生态标签。

在我国通过有机水产品认证、绿色水产品认证获得的标签属于国际上的生态标签。我国的有机食品专指经生态环境部下属的有机食品发展中心认证的食品。所谓的“有机鱼”就是在自然状态下成长的食用鱼类。我国绿色食品是指按照特定生产方式生产，经农业农村部的认证中心认定，许可使用绿色食品标志的，无污染、安全、优质、营养的食品。绿色水产品标签是典型的生态标签。

以“欧盟花”为代表的生态标签是政府或者环境组织出于保护生态环境的目的所倡导的。2010 年 9 月中国渔业协会远洋渔业分会和中远渔业推广示范中心在农业农村部渔业局的指导下推出“远洋渔业产品标识”，以期向消费者推荐质量优良、安全可靠的远洋渔业产品。[②] 这种标签本身尽管有着“地理标志”的功能，但是更多地反映出捕捞作业所获得的水产品品质，应该属于生态标签类。

我国推行的绿色水产品标签、有机水产品标签、远洋水产品标识等制度在保障食品安全、促进可持续发展、调整产业结构等方面发挥了积极作用。然而，我国的生态水产品标签在实施过程中存在的问题较多，集中体现在生态标签的种类多、每一种生态标签的市场认可度低，严重影响了中国水产品标签制度的发展。

针对这一挑战，我国水产品标签的认证部门可以考虑建立渔业领域的生态标签认证的促进及奖励机制。首先，要扩大自己认证体系的宣传，让渔业经营者、消费者知晓其认证标签；其次，认证工作要集中在水产品市场集中开展，并在领军型企业中集中开展认证

---

① 黄进，“碳标签和环境标志”，《标准科学》，2010 年第 7 期，第 4-8 页。

② 魏德才，“论我国水产品标签的法律性质与法制完善”，《金华职业技术学院学报》，2013 年第 4 期，第 67-70 页。

以获得较大的社会影响力；第三，将获得生态标签的水产品认定为发放政府产业补贴优先考核标准之一。

（三）应建立国家级的水产品强制标识制度

强制标识又叫强制认证标志，主要出现在工业产品的检验领域。我国已经有了部门专门负责工业领域的3C强制认证标志。欧盟已经对牛奶、鸡蛋和鸡肉产品实行原产地强制标识制度，以保证产品来源的透明度和食品安全。[①]我国农业领域，类似的强制标识制度已经形成，2006年农业部以部委规章形式要求企业、个人包装销售的农产品，应当在包装物上标注或者附加标识标明品名、产地、生产者或者销售者名称、生产日期。[②] 获得无公害农产品、绿色食品、有机农产品等认证的农产品必须包装，但鲜活畜、禽、水产品除外。[③]

从2001年开始实施，我国普遍开展的无公害食品认证属于我国农产品领域的强制认证。无公害食品是指食品中有毒有害物质控制在标准限量范围之内的食品，这个标准由质监总局颁布的“农产品安全质量”标准和由农业部颁布的无公害蔬菜、水果、水产品的产品标准两部分组成。无公害水产品是对水产品质量最起码的要求，是水产品市场准入的最低标准，认证工作由各地农业部门开展。尽管无公害认证是市场准入的要件，法律中并没有要求农产品（水产品）必须标示出产品经过无公害认证，生产者可以申请使用无公害农产品标志，而销售者不可以申请使用该标志。[④]

---

① 商务部，“欧盟扩大原产地强制标识制度至牛奶、鸡蛋和鸡肉产品”，《中国食品学报》，2011年第4期，第35-35页。

② 《农产品包装和标识管理办法》（农业部令2006年第70号）第10条。

③ 《农产品包装和标识管理办法》（农业部令2006年第70号）第7条。

④ 《农产品质量安全法》第32条。

我国法律规定：在我国销售的农产品，按照规定应当附加标识的，须经附加标识后方可销售。[①] 根据国家的这一规定，广东省2009年颁布地方法规明确规定：农业经营者销售的食用农产品，应当附加标识，未附加标识的，不得销售。个人自产自销食用农产品的，可以不附加标识销售。[②] 2011年年底，广东省海洋与渔业局根据上述法律出台了我国首部专门针对水产品标识管理的地方规章[③]，明确了广东省水产标识的概念、使用范围、使用原则等。广东省水产品标识是市场准入的基本要件，属于强制标识，如果不正当使用或者不使用将会承担相应的法律责任。

我国目前没有国家级的水产品强制标识。广东省首先建立了自己的水产品强制标识，如果其他省份效仿广东的做法，全国的水产品统一市场会被分割，这会给我国的渔业生产者、经营者带来巨大负担。这种负担很快会转移给消费者。针对这些挑战，首先应确定全国统一的水产品标识认证标准，统一管理机构。国家级的强制标识代表着更高的法律效力，也会防止经营者进行省际标准选择。

本章小结

水产品标签依据可追溯制度建立，数量正在逐步增加。水产品标签存在保护消费者权益与影响市场流通双重功能。以水产品标签打击IUU捕捞的合法性获得国际软法的支持，但存在国际法争议，水产品生态标签并不违反《TBT协定》。对合法性的展望需要考量3点：发达国家政府支持水产品标签行为构成了渔业补贴，跨国食品企业支持的水产品标签影响企业间公平竞争，不同的生态标签之

① 《农产品质量安全法》第28条。
② 《广东省食用农产品标识管理规定》（粤府令第137号）第15条。
③ 《广东省水产品标识管理实施细则》（粤海渔函〔2011〕734号）。

间的互相认可正在增加。我国应明确登记的水产品地理标志优先保护原则，应提高我国水产品生态标签的国内外认可度，应建立国家级水产品强制标签制度。

本章定位

本章定位于研究海洋渔业资源养护所涉及市场流通领域的国际规则变动，分析对象为水产品标签。在细致分析以水产品标签打击IUU捕捞的国际法合法性争议基础上，指出我国水产品标签所面临的问题并提出建议。

第九章　生物多样性养护：影响海洋渔业资源养护国际规则变动的新力量

海洋渔业资源是人类依靠的生态资源之一，不仅提供人类所需的蛋白质，更是海洋生物多样性的重要组成。有科学家判断，海洋生物多样性正在遭受着严重破坏。如果人类对海洋“极其有害的”活动没有得到控制，生物多样性将面临严重的危险。这些“极其有害的”活动指海洋污染、过度捕捞、航运增加、海洋采矿、能源过度开发、水产养殖增加以及海洋变暖和酸化等。科学家仍然抱着一些希望：如果人类能更有效地管理海洋并且能减缓气候变化，情况可以被逆转。①

一、BBNJ 国际协定谈判的由来、内容与适用对象的争议

海洋渔业资源属于生物资源，是生物多样性的载体，不可避免地受到正在进行中的国家管辖外海域生物多样性（以下简称 BBNJ）国际协定谈判的影响。生物多样性养护与海洋渔业资源养护之间的关系是 BBNJ 国际协定谈判的难点之一。两种养护不是一回事，但对象均与海洋生物资源相关。由于海洋渔业资源养护已经形成了一

① Douglas Mccauley, Malin L Pinsky, Stephen R Palumbi , James A Estes, Marine defaunation: Animal loss in the global ocean, *Science*, Vol 347, Issue 6219, 2015, 1255641.

套独立的规则体系，此次谈判希望缔结一套关于海洋生物多样性养护的国际规则，两套规则之间的关系成为利益攸关方争夺的焦点。

本节以分析 BBNJ 国际协定谈判的由来、范围为起点，通过分析此次谈判的适用对象，展示出此次谈判的进展情况以厘清两套规则之间关系的大致走向。

（一）依据联合国大会决议启动 BBNJ 国际协定谈判

国家管辖范围以外的海域（ABNJ）约占全部海洋空间的 2/3。然而长期以来，管理此区域海洋生物多样性的法律框架并不完整，只能间接地适用《联合国海洋法公约》和《生物多样性公约》的原则性规定。养护 BBNJ 的需求与国际法的制度供给之间存在较大差距。这为联合国大会最近通过决议启动 BBNJ 国际协定谈判提供了现实依据。

在联合国框架下讨论 BBNJ 问题开始于 2003 年的“海洋事务和海洋法不限成员名额非正式协商进程会议”（Open-Ended Informal Consultative Process on Oceans and Law of the Sea，简称 UNICPOLOS 会议）[①] 2004 年联合国大会作出决议建立 BBNJ 工作组。[②] BBNJ 工作组在 2011 年、2013 年两次向联合国大会推荐启动 BBNJ 国际谈判准备工作。2015 年 6 月 19 日，联合国大会接受 BBNJ 工作组的建议，决定设立筹备委员会来为 BBNJ 国际协定谈判创造条件。[③]

2017 年 7 月 20 日，BBNJ 筹备委员会向联大提交了最终建议文本《养护和可持续利用海洋生物多样性的具有法律约束力的国际文书要素建议草案》，同时建议在联合国的主持下尽快召开政府间会

---

① 联合国文件编号：A/58/95。

② 联合国文件编号：A/RES/59/24。

③ 联合国文件编号：A/RES/69/292。

议，充分考虑草案的各项要素，并依其案文展开详细讨论。[1]

2017年12月24日，联合国大会决定召开一次政府间会议，审议了筹备委员会关于国际协定谈判要素的建议，并阐述了有必要出台具有法律约束力的文件草案，以期尽快制定该国际协定。[2] BBNJ国际协定谈判分为4个阶段：第一阶段谈判已经于2018年9月4日至17日结束；第二阶段谈判已经于2019年3月25日至4月5日结束；第三阶段谈判已经于2019年8月19日至30日召开；第四阶段谈判将于2020年上半年举行。[3]

BBNJ国际协定谈判是《联合国海洋法公约》生效以来最重要的国际海洋法律制度形成过程，它的制定和实施将对现有的国际海洋秩序产生深远影响。[4] BBNJ国际协定谈判将会为21世纪海洋资源养护与开发制定出新的规则。我国清代学者张謇曾主张"渔权即海权"，渔业问题从来是海洋谈判的关键内容之一。[5] 渔业问题也是BBNJ国际协定谈判的关键环节，为此各方进行着激烈的争论。

在第二阶段谈判中，各方代表投入了极大的热情，并没有将谈判限定在《联合国海洋法公约》约束之下，已经超过了最初确定的谈判内容，期待在第三阶段的谈判中有个零案文（Zero Draft）。各方代表更愿意将BBNJ国际协定谈判进展称之为迈向新《公海条

---

① 胡学东，"海洋生物多样性国际谈判前瞻及建议"，《中国海洋报》，2017年12月20日第2版。

② 联合国文件编号：A/RES/72/249。

③ 联合国官方网站，BBNJ国际协定谈判专栏。https://www.un.org/bbnj/content/home?Is%20Featured=All&language=en&field_featured_categories_tid=All&sort_order=DESC&sort_by=created&Is_Featured=All，访问时间：2019年4月15日。

④ 胡学东，"海洋生物多样性国际谈判前瞻及建议"，《中国海洋报》，2017年12月20日第2版。

⑤ 韩兴勇，"张謇'渔权即海权'渔业思想的探索与实践"，《浙江海洋学院学报》（人文科学版），2013年第4期，第44-48页。

约》的脚步。[①]

第三阶段的谈判围绕着《BBNJ 国际协定（草案）》展开。这件协定（草案）第 8 条规定了协定的适用范围。此条款从正反两个方面说明了渔业资源在 BBNJ 国际协定中的地位。当利用鱼类和其他生物资源进行海洋遗传资源领域的研究时，BBNJ 国际协定适用；当利用鱼类和其他海洋生物资源作为商品时，BBNJ 国际协定不适用。如果某一特定物种被认为具有遗传材料价值，无论捕捞数量多少，那么该物种将被视为属于海洋遗传资源，在 BBNJ 国际协定的适用范围内。[②]

（二）BBNJ 国际协定谈判 4 个方面的议题均与渔业资源养护相关

从 2004 年 BBNJ 工作组成立到 2019 年 4 月 BBNJ 国际协定第二阶段谈判结束，BBNJ 国际协定谈判的议题经历了由不确定到确定，再到不确定的过程。这其中 2011 年联合国大会的决议起到了至关重要的作用，该文件将国际谈判的议题明确为下面 4 个方面：① 海洋生物资源，涵盖了海洋遗传资源获取及其惠益共享的问题；② 基于区域的海洋管理工具，包括了海洋保护区的设立问题；③ 环境影响评价；④ 能力建设与海洋技术的转移。[③]

从第一轮谈判开始，困扰 BBNJ 国际协定谈判的基础问题是发达国家应向发展中国家提供什么，涉及能力建设、技术转移、惠益共享等环节，这些提供是自愿的还是强制的，金钱给付还是实物给付。对此，不同的国家、国家集团给出了迥异的答案。密克罗西尼

---

① BBNJ 国际协定谈判的联合国官方网站，https：//www. un. org/press/en/2019/sea2102. doc. htm，访问时间：2019 年 4 月 15 日。

② 联合国文件编号：A/CONF. 232/2019/6

③ 联合国文件编号：A/RES/66/231.

的代表说，能力建设与技术转移一定包括了提供资金，否则一切无从谈起。作为太平洋岛国的代表，瑙鲁表示，如果能力建设与技术转让是自愿的，《联合国海洋法公约》第 13、14 部分已经有了规定，这些年的实践表明自愿性的技术转让起不到作用，只有强制性规范才能产生约束力。发展中国家希望建立新机构来记录各国对技术转让与能力建设方面的要求，该机构同时筹集、管理、运营信托资金完成能力建设与技术转让。

基于区域的管理工具（包括海洋保护区）是《联合国海洋法公约》中没有涉猎的议题，但是区域渔业管理组织（RFMO）、国际海底局（ISA）、国际海事组织（IMO）等在这方面有部分实践活动，总体而言，目前的实践是季节性的、小区域的，针对特别种群或者特定渔业作业方式的。此次谈判中，瑞士表示，预警原则应是 BBNJ 国际协定的核心原则，应鼓励海洋保护区的设立。冰岛与俄罗斯认为，可以将现有的区域渔业管理组织增加权限来实现养护海洋生物多样性。但这遭到了其他国家的反对，他们认为建立新的机构更为妥当。部分国家支持通过缔约方会议的方式来分享海洋生物多样性的区域管理经验，制定最低标准等。

《联合国海洋法公约》第 204 条是关于环境影响评价的内容，但这个规定过于模糊，无法付诸实践。BBNJ 国际协定的谈判过程中，在什么情况下需要进行环境影响评价的问题困扰着与会代表，各方对此无法达成一致意见。由哪个机构来进行环境影响评价也是各方争议的焦点，发展中国家主张新建一个机构，发达国家认为没有必要，可以根据不同情况确定真正有能力的机构。公海捕鱼活动还要不要进行环境影响评价，现有的捕捞配额没有环境影响评价环节，是否需要补充这个环节，这些问题涉及 BBNJ 国际协定的适用对象范围，成为谈判中各方争论的焦点。

（三）将海洋遗传资源作为 BBNJ 国际协定适用对象总体适当

BBNJ 国际协定的适用对象是谈判面临的首道难题。按照通常理解，BBNJ 国际协定的适用对象一定是海洋生物多样性，然而谈判各方对何为生物多样性存在不同的观点。联合国教科文组织认为，生物多样性（Biodiversity）一词是 Biological Diversity 的缩写，哈佛大学教授艾德华·威尔森（Edward Wilson）在 1985 年出版的论著《生物多样性危机》（The Crisis of Biological Diversity）中指出：政策的制定者、普通大众应关注生物多样性减少带来的危害。[①]

生物多样性通常包括遗传多样性、物种多样性和生态系统多样性 3 个组成部分。这是人们熟知的生物多样性概念。国际法上的生物多样性（Biodiversity）延续了这个概念，主要来源于《生物多样性公约》，指所有来源的形形色色生物体，这些来源除其他外包括陆地、海洋和其他水生生态系统及其所构成的生态综合体；这包括物种内部、物种之间和生态系统的多样性。[②]

与生物多样性紧密相关的词汇是遗传资源（Genetic Resources），《生物多样性公约》中有 25 处提及遗传资源，指具有实际或潜在价值的遗传材料。遗传材料是指来自植物、动物、微生物或其他来源任何含有遗传功能单位的材料。[③] 遗传资源一词在《生物多样性公约》的缔约方大会中被频繁提及，已经成为对生物多样性理解的主要方面之一。2010 年第 10 次缔约方大会在日本名古屋签订了《〈生物多样性公约〉关于获得遗传资源与公平公正地分享利用生物多样性所获利益之名古屋议定书》，通常称为《名古屋议

① 联合国教科文组织官网，http：//www.unesco.org/new/en/media-services/single-view/news/edward_o_wilson_the_loss_of_biodiversity_is_a_tragedy/，访问时间：2019 年 6 月 13 日。

② 《生物多样性公约》第 2 条。

③ 《生物多样性公约》第 2 条。

定书》。[1] 遗传资源的获取和惠益分享机制，是解决发展中国家与发达国家在遗传资源方面利益冲突的重要途径，2016 年 12 月第 13 次缔约方大会在墨西哥坎昆召开，“遗传资源数字序列信息”公布问题是各方争论的焦点之一。[2]

基于对生物多样性理论与现实的考量，海洋遗传资源很可能成为 BBNJ 国际协定的适用对象。依据《生物多样性公约》规定，海洋遗传资源概念应为：具有实际或潜在价值的来自海洋植物、海洋动物、海洋微生物或其他海洋来源的任何含有遗传功能单位的材料。[3] 但需要警惕：将生物多样性等同于海洋遗传资源，是对生物多样性的狭义解释，这有利于谈判推进，但并不利于问题的整体呈现与根本解决。有学者认为：将海洋遗传资源作为 BBNJ 国际协定的适用对象是相当有智慧的想法，因为在《联合国海洋法公约》中并没有对海洋遗传资源做出规定，BBNJ 国际协定可以填补空白，这样的定位亦不会与《联合国海洋法公约》产生矛盾。[4]

以海洋遗传资源为对象也会带来新问题，这是因为在世界知识产权组织的文件中也有关于遗传资源的规定，内部还设有关于知识产权与遗传资源、传统知识和民间文学艺术的政府间委员会（Intergovernmental Committee on Intellectual Property and Genetic re-

---

① 生物多样性公约官网，《名古屋议定书》的全称是《〈生物多样性公约〉关于获得遗传资源与公平公正地分享利用生物多样性所获利益之名古屋议定书》，（Nagoya Protocol on Access to Genetic Resources and the Fair and Equitable Sharing of Benefits Arising from their Utilization to the Convention on Biological Diversity）。https：//www. cbd. int/abs/doc/protocol/nagoya-protocol-en. pdf，访问时间：2019 年 6 月 13 日。

② 中国生物多样性保护与绿色发展基金会官网，http：//www. cbcgdf. org/NewsShow/4950/3215. html，访问时间：2019 年 6 月 13 日。

③ Konrad Jan Marciniak，New implementing agreement under UNCLOS：A threat or an opportunity for fisheries governance? Marine Policy Vol. 84，pp320-326.

④ 胡学东，海洋生物多样性国际谈判前瞻及建议，《中国海洋报》，2017 年 12 月 20 日第 2 版。

sources, Traditional Knowledge and Folklore)。以海洋遗传资源为对象意味着条约的适用要受到其他条约中"遗传资源"相关规则的约束。例如,《粮食和农业植物遗传资源国际条约》又称为"国际种子条约",2001年11月在粮农组织大会第三十一届会议以第3/2001号决议批准。该公约专注于可持续农业和粮食安全,养护并可持续地利用粮食和农业植物遗传资源以及公平合理地分享利用这些资源而产生的利益。截止2018年9月,该公约一共有包括欧盟在内的144个缔约方。

二、BBNJ国际协定谈判不会成为重塑海洋渔业资源养护规则的平台

在海洋渔业资源养护规则变动的问题上,各国有着不同的利益诉求,存在着远洋捕捞国与沿海国间的矛盾,发达国家与发展中国家间的矛盾,水产品输出国与输入国间的矛盾等。依据联合国大会决议启动的BBNJ国际协定谈判让各方看到了解决问题,扩张自身利益的历史机会。

BBNJ国际协定谈判过程中,在公海渔业的问题上,各方代表的观点对立严重,有必要将公海渔业问题排除在BBNJ国际协定谈判之外。海洋问题复杂多样,此次谈判应集中于生物多样性养护问题,归纳起来有如下几个方面的理由。

(一)BBNJ国际协定谈判应尊重公海自由原则

公海自由是长期存在的国际习惯法。《联合国海洋法公约》不但肯定了公海自由,而且扩展了公海自由的内容,将传统的航行、飞越、捕鱼、铺设海底电缆和管道的4项自由扩展为6项自由,增加了科学研究自由、建造国际法所容许的人工岛屿和其他设施的自

由两项。但《联合国海洋法公约》进一步为公海自由设置了限制，明确：行使这些自由的国家须适当顾及其他国家行使公海自由的利益，并适当顾及“区域”内活动有关的权利。随着人类开发公海资源能力的增强，公海自由不应被抛弃，应随着科技的进步丰富公海自由的内容并进行相应的限制。

BBNJ 国际协定谈判必须遵守启动谈判的 2015 年联合国大会决议，决议的全称为《依据〈联合国海洋法公约〉建立养护与可持续利用 BBNJ 具有法律约束力国际协议的决议》。[1] 各国代表不能超越这个要求，否则即使代表们达成了协议也面临着违反授权的窘境。在现有的国际政治条件下，取消公海自由也并不现实。作为海洋自由最古老的内容之一，公海捕鱼自由的内容经历着深刻的变化。依据现有渔业规则，捕鱼对象、方式、工具、场所、数量等均要受到明确的限制，否则就是 IUU 捕捞。这些要求的主要制定者、监督者是区域渔业管理组织（RFMO）。

BBNJ 国际协定谈判不应改变公海渔业资源养护机制的现有框架，因为公海渔业活动中，《联合国鱼类种群协定》是基本的法律渊源之一，其全称为《执行 1982 年 12 月 10 日〈联合国海洋法公约〉有关养护和管理跨界鱼类种群和高度洄游鱼类种群的规定的协定》，是《联合国海洋法公约》的第二个执行协定。从性质上来说，将来签订的《BBNJ 国际协定》与《联合国鱼类种群协定》均属于国际条约，需要各国批准后生效。从与《联合国海洋法公约》的关系上，二者均为《联合国海洋法公约》的执行协定，不存在何者优先的问题。如果《BBNJ 国际协定》优先于《联合国鱼类种群协定》，那将不利于区域渔业管理组织的主导地位，会带来规则混乱。

① 联合国文件编号：A/Res/69/292。

海洋遗传资源来自于海洋生物，渔业资源也来自于海洋生物。依据公海捕鱼自由可以推导出获得海洋生物资源的自由，但并不等于获得海洋遗传资源的自由。这是因为获取渔业资源的方式、目的、规模与获取海洋遗传资源的方式、目的、规模存在着显著不同。获取海洋遗传资源是公海科学研究自由的一部分。BBNJ 国际协定谈判结果如果坚持公海自由，有利于企业以最有效的方式获取海洋遗传物质，但也会带来资源分配与惠益共享领域的问题。如果不能充分考虑发展中国家的利益与诉求，公海自由会造成国家间，企业间的利益失衡。

（二）BBNJ 国际协定中的公海保护区将不会改变区域渔业管理组织的权限

无论是《联合国海洋法公约》，还是《联合国鱼类种群协定》，都找不到关于建立公海保护区的规定。保护区的概念来自于《生物多样性公约》，指一个划定地理界限、为达到特定保护目标而指定或实行管制和管理的地区。以保护海洋遗传资源的角度来看，这样的海洋保护区有：① 国际海底管理局的特定环境利益区域；②《防止船舶污染国际公约》（MARPOL 73/78）附则中的特殊区域；③ 鲸鱼庇护所；④ 禁渔区域。[①]

为养护海洋渔业资源并同时养护海洋生物多样性，区域渔业管理组织依据联合国大会的授权和自身权限，也进行了卓有成效的努力。2006 年、2009 年联合国大会两次作出决议（61/105、64/72）呼吁：区域渔业管理组织应基于能获得最佳的科学信息来评估底网捕鱼（Bottom Fishing）对脆弱的海洋生态系统（Vulnerable Marine

① Konrad Jan Marciniak, New implementing agreement under UNCLOS: A threat or an opportunityfor fisheries governance? *Marine Policy* 84, 2017, pp. 320-326.

Ecosystems）产生的影响，一旦确定底网捕鱼对海洋生态系统有严重的负面影响，区域渔业管理组织有义务设法阻止负面影响的发生。例如，东北大西洋渔业委员会（NEAFC）、西北大西洋渔业组织（NAFO）、东南大西洋渔业组织（SEAFO）已经停止了公海的底网捕鱼作业。

依据联合国大会69/292号决议，BBNJ国际协定将会集中于对海洋生物多样性的养护与可持续利用。这与大多数区域渔业管理组织的章程基本一致，也与这些组织的实践活动相统一。《BBNJ国际协定》能为建立公海保护区提供法律依据。据此设立的公海保护区应尊重公海捕鱼自由，基于预警原则，并建立在生态系统路径的基础之上。公海保护区的运行机制将在实践中逐步完善，但不会专门性地针对区域渔业管理组织进行约束；即使为养护海洋遗传资源的必要，也应由缔约方会议对相关国家的捕捞活动进行规范，因为BBNJ国际协定谈判没有为区域渔业管理组织设定义务的权限。

区域渔业管理组织是当前渔业资源养护与开发机制的主角，这是在《联合国海洋法公约》生效后，以《联合国鱼类种群协定》为基础、以《负责任渔业行为守则》为指引建立的，尽管内外矛盾重重，但总体上符合当前海洋渔业的科技水平、产业状况，没有到了需要推倒重来的地步。即使BBNJ国际协定谈判的结果是增加更多的海洋保护区，也很难实质改变区域渔业管理组织的渔业权限。

（三）BBNJ国际协定中的环境影响评价将不会对渔业活动产生重大影响

无论是国内法，还是国际法，环境影响评价都是20世纪后半叶萌芽，新世纪以来普遍实施的新事物。根据我国2002年颁布的《环境影响评价法》，环境影响评价是指对规划和建设项目实施后可能造成的环境影响进行分析、预测和评估，提出预防或者减轻不良环境影响的对策和措施，进行跟踪监测的方法与制度。[①] 渔业属于农业，依据我国法律，进行渔业规划必须进行环境影响评价。但开展一般的渔业捕捞项目，不需要开展环境影响评价。

进入 21 世纪以来，国际法院、联合国海洋法法庭和国际常设仲裁院等机构审理了数个涉及跨界环境影响评价的案件，数次肯定了跨界环境影响评价已经成为一项国际法规则，并且通过不同案件的判决，陆续澄清了该规则的内涵。[②] 跨界环境影响评价是一项国际习惯法，是被国际司法实践证明了的。对国家管辖外海域活动进行环境影响评价是有着生态意义必要性的，也是价值需求的，但这种必要性、价值需求是否能够成为国际习惯法仍然有待国际司法实践的考证。

鉴于《联合国海洋法公约》中的环境影响评价过于模糊且缺乏可操作性，制定《联合国鱼类种群协定》的过程中，建议稿曾经有过环境影响评价的规定，但该建议稿遭到抵制。尽管最终通过的文本中没有“环境影响评价”的字样，但环境影响评价的思想反映在部分条文中，国家有义务“评估捕鱼、其他人类活动以及环境因素对目标种群和所属统一生态系统的物种或与目标种群相关或从属目标种群的物种的影响。”[③] 各缔约方通过区域渔业管理组织进行国际合作时应“取得和评估科学咨询意见，审查种群状况，并评估捕鱼对非目标和相关或从属种群的影响；促进和进行关于种群的科学评估和有关研究，并传播其结果。”[④]

BBNJ 国际协定中的环境影响评价，虽然内容还没有确定，但是总体趋势十分明确，① 细化《联合国海洋法公约》中环境影响

---

① 《环境影响评价法》第 2 条。

② 边永民，跨界环境影响评价的国际习惯法的建立和发展，《中国政法大学学报》，2019 年第 2 期，第 32-47 页。

③ 《联合国鱼类种群协定》第 5 条 d 款。

④ 《联合国鱼类种群协定》第 10 条 d 款、g 款。

评价的要求；② 将各国国内法中环境影响评价的通行做法固定下来成为新的国际规范；③ 制定出适用海洋矿产开发、捕捞渔业、远洋航运、海洋科研等多种活动的环境影响评价规则。

就渔业领域而言，BBNJ 国际协定可能带来的变化主要有：① 新增的渔业活动将必须接受环境影响评价，无论涉及公海渔业还是只发生在专属经济区的捕捞活动；②《联合国鱼类种群协定》主要针对养护和管理跨界鱼类种群和高度洄游鱼类种群，新的执行协定将扩大范围到所有的捕鱼活动；③ 捕鱼工具、捕鱼方式将受到更加严格的限制，联合国大会的决议尽管没有法律约束力，但会成为环境影响评价的标准之一，这是一个“软法硬化”的过程。

由于《联合国鱼类种群协定》《负责任渔业行为守则》等渔业规范中的环境影响评价要求已经在实践中发挥了重要作用，期待《BBNJ 国际协定》短期内会给海洋渔业活动带来重大变化并不现实。从长远来说，从生物多样性因素植入《联合国海洋法公约》到《联合国鱼类种群协定》将环境影响评价进行嵌入式规定，再到将来《BBNJ 国际协定》明确环境影响评估的法律地位，生物多样性养护正在成为渔业活动的影响力量。这种力量能否发挥还要取决于谈判代表的努力、各国的政治决心与利益判断，只有解决好了评价什么、怎么评价、谁来评价、什么时间评价、评价如何影响决策等一系列问题，作为谈判结果的《BBNJ 国际协定》才能发挥其应有的功能。从目前来看，解决这些问题面临重重考验。

三、BBNJ 国际协定谈判会对海洋渔业资源养护造成深远影响

由于 BBNJ 国际协定谈判仍在进行中，有过多的议题等待深入讨论，形成文件草案，并最终成为国际协定，目前不确定的因素很

多。但现在预测《BBNJ 国际协定》会对海洋渔业资源养护具体产生怎样的影响，并不为时尚早。目前 4 个阶段谈判已经过去了 3 个阶段，已经能够获得一定确定的指引。基于这些指引来作出判断，可以让海洋渔业的从业人员早做准备，迎接新的挑战和机遇。

（一）BBNJ 国际协定谈判将加速“养护”理念的转变

关于“养护”一直存在着两种不同的哲学理念，一种理念认为：“养护”应以“最大限度的开发”为目标，养护的目的是满足人类需要，人是一切活动的目的，“养护”就是在环境承载的范围内最大限度地开发利用；另一种理念认为：“养护”应以“最小限度的利用”为指导思想，主张“敬畏自然”的观念，要求人类节制欲望来尊重自然，“养护”就是最小限度地开发自然资源。

传统的渔业资源养护规则深受第一种养护观念指导，以 1958 年订立的《公海捕鱼和生物资源养护公约》为代表，“养护公海生物资源”一语指所有可使此项资源保持最适当而持久产量，俾克取得食物及其他海产最大供应量之措施之总称。[①] 此种“养护”观念主张最大限度地利用海洋渔业资源，1982 年达成的《联合国海洋法公约》沿用了这样的“养护”理念，接下来达成的区域渔业组织基本文件也过度依靠最大可持续产量来管理渔业资源。

养护生物多样性呈现出不同于海洋渔业规则的选择，更多地受到第二种“养护”理念的指引，体现出对自然的尊重。由于人类科技能力的有限性，“不去打扰”被认为是养护生物多样性最有效的方式，这就要求渔业活动进行“最低限度的利用”。尽管名称仍为“养护”，但是对渔业活动发出了与传统海洋渔业规则完全不同的要求。

---

① 《捕鱼及养护公海生物资源公约》第 2 条。

伴随着人类活动的增加，生物多样性遭到严重破坏，渔业活动被认为是重要的原因之一。越来越多的渔业规范中增加了养护生物多样性的目标，但是在捕捞渔业实践中，占据主流地位的理念仍然是“最大限度地开发”。这是由于渔业活动本身具有逐利性，渔业规则的制定并没有站在人类整体利益的高度来判断，更多是基于历史捕捞量来进行考量的结果。

BBNJ 国际协定谈判的焦点之一是该协定的适用范围是否包含渔业活动。如果该协定的适用范围能够涵盖渔业活动，那么会带来一种与传统“养护”完全不同的理念，二者之间的融合将是严重问题。如果该协定的适用范围将渔业活动排除在外，那么养护海洋渔业资源的过程中仍然会造成生物多样性损失，公海渔业也是重要的海洋活动，《BBNJ 国际协定》的效力将大打折扣。

（二）养护生物多样性将走向养护海洋渔业资源规则的中心

从《联合国海洋法公约》到《联合国鱼类种群协定》，再到《负责任渔业行为守则》，在海洋渔业资源养护的规则体系中，生物多样性一直处于边缘地带。立法者一般将生物多样性列为目标之一，但在实体条款中缺乏明确的要求，这造成了生物多样性养护在渔业实践中缺乏关注的现实。

谈判中的《BBNJ 国际协定》以《联合国海洋法公约》执行协定的地位来约束缔约方，将改变这种情况，将养护生物多样性从目标盘的边缘推向中央。这个过程中将伴随预警原则、生态系统方法等国内环境法规范获得更深度地接受，这就要求重新解释现有渔业资源养护规则中关于生物多样性的要求。《BBNJ 国际协定》将让养护生物多样性正式成为养护海洋渔业必须遵守的规则。

公海禁渔，这是部分国家在谈判中提出的建议，目的在于养护公海生物多样性。尽管目前这个建议获得通过的可能性不高，但反映出海洋渔业活动与生物多样之间存在着紧密的关系。由于公海活动多种多样，涉及航运、捕鱼、矿业、科研等诸多方面，BBNJ 国际协定谈判要为这些行业制定统一的规则难度大，效果将不如直接制定渔业规范明显。但渔业话题是此次谈判的难点之一，如果完全排除《BBNJ 国际协定》对渔业活动的适用，谈判可能迅速推进，但会留下公海渔业如何养护生物多样性的难题，需要进行新一轮的国际渔业谈判来解决。

公海禁渔，将海洋渔业完全排除在《BBNJ 国际协定》之外，这些建议看似简单，但无法解决问题。承认养护生物多样性是养护海洋渔业资源的一部分，这是对自然的尊重，也是对养护理论的尊重。理论上，两种“养护”可以分割开来，但现实中都要由海洋生物来承载，“养护”的含义为“可以持续永久使用”。公海渔业，如同其他海洋活动一样，会对海洋生态系统造成影响，一禁了之，并不可取，不仅因为公海渔业为人类提供了蛋白质、就业机会，更是由于不同国家经济结构、发展程度存在差异。养护生物多样性目标的实现不应脱离海洋实践活动。谈判各方应摒弃公海禁渔的思路，接受养护生物多样性与养护海洋渔业资源的不可分割性，将海洋渔业活动纳入规制的范畴。

（三）养护生物多样性将成为海洋渔业全面治理的重要契机

养护生物多样性是具有国际引领意义的综合性议题。由于渔业活动对生物多样性的高度依赖性，海洋渔业活动对生物多样性的影响成为联合国大会、粮农组织、联合国环境计划署、经合组织、绿色和平组织等国际组织共同关注的问题，不断出台决议、项目等。伴随着全球治理的深入，海洋渔业的全面治理已经成为摆在人类面前的严肃课题。

海洋渔业存在着诸多问题，必须予以高度关注的是海洋垃圾的增加，海洋渔业资源及其多样性因此面临着严重压力。据统计，全球每年生产的塑料总量近 3 亿吨，这些垃圾将降低海洋生物资源自我净化海洋环境的能力。每年有 400 万~1 200 万吨的塑料垃圾从陆地流失到海岸和海洋。但几十年来的海洋监测结果发现，全世界只有 25 万吨塑料碎片漂浮在海洋上。大多数科学家都认为，海洋表面看不见的大部分塑料可能分散在整个深海，并滞留在海底。[①]

养护生物多样性不仅涉及海洋渔业，还涉及海洋航运、海洋矿业、海洋环境等多个领域，这些领域出台的生物多样性养护规则会对渔业活动产生影响，甚至有直接的约束力。海洋生产中不同领域需要遵守共同的海洋环境规则，养护生物多样性正是海洋环境规则的重要一环。

BBNJ 国际协定谈判并非单独为渔业设计，但正在有力地勾勒未来渔业治理的大体轮廓，这个图景将捕捞渔业等同于海洋矿业。在捕捞项目没有开始前要进行环境影响评估，在渔业资源开发的过程中要尊重海洋遗传资源的多样性和实行必要的惠益分享，注重发展中国家的能力建设和技术转移。将渔业资源开发与利用等同于矿业项目，这个逻辑要以区域渔业管理组织的养护机制为基础，这会带来捕捞技术标准设置、捕捞能力限制、目标鱼类种群选择等方面的问题。

以更加广阔的视角看待海洋生物多样性，气候变化、人权保障、动物福利、海洋民族文化等多方面的要素会融入养护海洋生物多样性的规范中，这些契合了海洋渔业全面治理的要求，将会带来

---

① 温俊华，“海洋塑料垃圾 大麻烦在海底”，《广州日报》，2018 年 11 月 22 日，第 A13 版。

海洋渔业领域的深刻革命，将会影响人类生活的方方面面，将会引起人类对自身生活、生产方式的全新思考。总结起来可以预见出，养护生物多样性规范的内容将是个逐步丰富的过程，是打开海洋渔业全面治理的钥匙，也会深层次地影响到人与自然间的关系。

本章小结

BBNJ 国际协定谈判依据联合国大会决议启动，主要有 4 个方面的议题，这些议题均与渔业资源养护有联系。将海洋遗传资源作为 BBNJ 国际协定适用对象总体适当，但 BBNJ 国际协定谈判不会成为重塑海洋渔业资源养护规则的平台，这是因为：BBNJ 国际协定谈判应尊重公海自由原则；BBNJ 国际协定中的公海保护区将不会改变区域渔业管理组织的权限；BBNJ 国际协定中的环境影响评价将不会对渔业活动产生重大影响。BBNJ 国际协定谈判会对海洋渔业资源养护造成深远影响：BBNJ 国际协定谈判将加速“养护”理念的转变；养护生物多样性将走向海洋渔业资源养护规则的中心；养护生物多样性将成为海洋渔业全面治理的重要契机。

本章定位

本章定位于研究与海洋渔业资源养护紧密关联的海洋生物多样性养护的国际规则变动，分析对象为正在进行中的 BBNJ 国际协定谈判。在初步判断出：“BBNJ 国际协定谈判不会成为重塑海洋渔业资源养护规则的平台”后指出：“谈判对海洋渔业资源养护影响深远”。

第四篇

海洋渔业资源养护国际规则变动的前景展望与中国策略

第十章　构建海洋命运共同体为海洋渔业资源养护国际规则变动指明了方向

2019年4月23日，习近平主席在我国青岛集体会见应邀出席中国人民解放军海军成立70周年多国海军活动的外方代表团团长时指出："我们人类居住的这个蓝色星球，不是被海洋分割成了各个孤岛，而是被海洋连结成了命运共同体，各国人民安危与共。"海洋命运共同体理念的提出，有着深刻的哲学思想，为全球海洋治理指明了路径和方向。[①]

海洋渔业资源养护是全球海洋治理中的重要领域。鉴于渔业资源的危急情况以及渔业资源养护相对其他海洋问题的低敏感性，海洋渔业资源养护有条件成为全球海洋治理的先导领域。解决海洋渔业资源养护问题不能仅靠一个国家或者一个国家集团的努力，需要全人类共同努力，这个过程中需要坚持多边主义、反对单边主义；需要集思广益、增进共识；需要所有国家有舍有得，为推动构建海洋命运共同体贡献智慧、力量；各方均是海洋命运共同体的利益攸关者，也是受益者。

---

① 新社评论员，"共同构建海洋命运共同体"，《新华每日电讯》，2019年4月24日，第1版。

一、海洋命运共同体能够满足解决海洋渔业问题的理论需求

海洋渔业资源属于生物资源，生物资源依赖特定的生态系统。人类为了管辖需要，将海洋划分为领海、公海、专属经济区等，这种划分并不能阻断海洋自身生态系统的连续性。有国际组织与海洋专家将近海划分为 66 个大海洋生态系统（Large Marine Ecosystems），这些大海洋生态系统间紧密关联，与大洋、岛屿之间也有着密切联系。事实上，整个海洋是一个特大的生态系统，构建海洋命运共同体正是抓住海洋生态系统的本质来分析并解决海洋问题。

（一）海洋命运共同体是人类命运共同体的组成与发展

党的十八大以来，以习近平同志为核心的党中央深刻洞察人类前途命运和时代发展趋势，准确把握中国与世界关系的战略走向，在一系列国际场合提出打造人类命运共同体的重要倡议，引起国际社会热烈反响，对当代国际关系正在产生积极而深远的影响。[①] 21 世纪是海洋的世纪，海洋命运共同体是人类命运共同体倡议在海洋领域的理论实践，也是对人类命运共同体理念的丰富和发展，是中国对全球海洋治理领域的理论贡献。

从全球视野来看，当前海洋渔业领域形势十分严峻，集中体现有：海洋垃圾迅速增加，生物多样性急剧降低，极地冰川加速融化，国家间海洋争端有增加的趋势，局部海域海盗活动活跃，东南亚“渔业奴隶”时有发生，这些制约着人类社会整体，尤其是海洋渔业的可持续发展。作为全球治理的重要领域，海洋渔业治理成为国际社会必须共同面对的重要问题。

---

① 王毅，“携手打造人类命运共同体”，《人民日报》，2016 年 5 月 31 日，第 7 版。

国家主席习近平于2017年1月18日在联合国日内瓦总部的演讲，对人类命运共同体理念的内容作了进一步的阐释，主要有伙伴关系、安全格局、经济发展、文明交流、生态建设5个方面。解决海洋问题，构建海洋命运共同体也应从这5个方面出发。

第一，坚持对话协商，建设一个持久和平的世界。

国家和，则世界安；国家斗，则世界乱。这个逻辑适用于海洋。当前海洋渔业问题的形成与发展，非常重要的原因在于海洋渔业资源分配不合理，养护规则跟不上海洋科技发展，部分国家采用单边主义做法，例如自己确定捕捞配额、贸易禁止等措施，渔业争端的当事国应通过双边或者多边谈判（协商）的方式来解决问题。

第二，坚持共同、综合、合作、可持续的安全观。

今天的海洋生物资源状况到了亟需治理的地步，如不采取必要措施，到21世纪中叶，全球将没有可供商业捕捞的渔业资源，生物多样性减损也将无法扭转，海洋塑料垃圾将会对海底生物资源造成严重破坏。解决海洋渔业问题不能仅看到商业利益，需要以海洋生态安全的高度来决策。

第三，坚持合作共赢，建设一个共同繁荣的世界。

当前海洋渔业领域正在进行着多场国际谈判，有关于渔业补贴的，有关于BBNJ国际协定的，有关于打击IUU捕捞活动的，谈判各方应本着合作共赢的理念，应加强渔业政策协调，兼顾当前和长远，着力解决深层次问题。

无论是沿海国，还是公海捕鱼国都应抓住新一轮科技革命和产业变革的历史性机遇，转变渔业经济发展方式，坚持创新驱动，进一步释放渔业产业的创造力。无论是发达国家，还是发展中国家均应支持开放、透明、包容、非歧视性的多边贸易体制，应支持粮农组织推动的国际渔业规则变革。

第四，坚持交流互鉴，建设一个开放包容的世界。

人类文明多样性是世界的基本特征，也是人类进步的源泉。海洋渔业领域的规则制定应该尊重文明的多样性，应尊重原住民的捕鱼权、捕鱼习惯，也应尊重为维持生计而存在的手工渔业、小规模渔业的基本权利，更应当尊重太平洋岛国等经济严重依赖渔业生产经济体的特殊状况，一刀切的渔业补贴规则不可取，这是对各国发展水平差异的尊重。

第五，坚持绿色低碳，建设一个清洁美丽的世界。①

海洋是自然的一部分，人与海洋共生共存，伤害海洋最终将伤及人类。工业化捕鱼创造了前所未有的物质财富，也产生了难以弥补的生态创伤。海洋渔业资源不是取之不尽用之不竭，只有依靠生态系统方法进行适当养护，减少工业化捕鱼对海洋生态系统的破坏，人类才能实现可持续发展。

绿水青山就是金山银山，是人类命运共同体理论的一部分。此理论适用在海洋领域，并有着高度的指导意义。海洋渔业资源面临的挑战不仅来自捕捞方式、捕捞数量，而且来自海洋酸化、气候变化、塑料垃圾等诸多方面，简言之，就是整个海洋环境变化。海洋渔业资源养护的目的不仅仅在渔业资源，更在于地球脆弱的生态系统。海洋是个聚宝盆，需要人类去呵护。

（二）海洋命运共同体能够从当前海洋渔业的理论问题出发

海洋命运共同体的目的是解决世界性海洋问题。作为人类命运共同体的一部分，需要遵守共同协商，共同决策，共同担责，共同获益等原则。不同于陆地，海洋是紧密联系的整体。海洋命运共同

---

① 习近平，“共同构建人类命运共同体——在联合国日内瓦总部的演讲”，2017 年 1 月 18 日，日内瓦。

体在理论与实践方面有着自身的独立特征，这些特征决定了海洋命运共同体能够满足当前海洋治理的理论需求，让海洋治理在不久的将来成为现实。

第一，海洋命运共同体能够解决“共同的资源、分割的渔业”这个基本矛盾。

海洋渔业领域这些问题的产生、发展与国际法规范有着密切的关系。当今的海洋渔业治理体系存在着严重的问题是体系设计使然，尤其是海洋渔业仍然坚持着《联合国海洋法公约》的基础地位。由于人类完成了对海洋的分割，专属经济区渔业活动国别差异巨大，但海洋渔业赖以维系的生物资源并不依据人类的意志而有所不同。

构建海洋命运共同体将会坚持海洋生态系统的优先地位，将海洋整体利益置于商业利益之上，有效助力海洋渔业走出传统渔业产业利益最大化的思维窠臼。在发展中国家可以接受的前提下，海洋渔业应顺应高标准可持续发展、高水平共享收益的潮流，走出实质意义的可持续发展之路。

第二，海洋命运共同体要求在尊重生态规律的情况下决策。

《联合国海洋法公约》中对海域的划分缺乏对生态规律的尊重，领海宽度、专属经济区宽度等完全取决于代表的争论与投票，这成为近几十年渔业争端频发的制度缘由。《联合国鱼类种群协定》对《联合国海洋法公约》进行了一定程度的矫正，更多地将两类鱼类种群的资源管辖权赋予了区域渔业管理组织。但《联合国鱼类种群协定》继续不尊重生态规律，缺乏对渔业活动的环境影响评价，缺乏对生物多样性养护的规范，仍表现为最大可捕量（TAC）的要求，这是海洋渔业资源衰退的直接原因之一。BBNJ 国际协定谈判至今，不尊重生态规律的议案仍然存在。

尊重生态规律，这是《负责任渔业行为守则》的要求，更是海洋治理过程中必须遵循的规则。海洋命运共同体反映出对生态规律的尊重，这也体现出共同体主体多元性。海洋命运共同体的主体是全人类，不仅有国家，还有政府间国际组织、国际环保组织、渔业利益团体等。依据现行法律和社会科学认知，海洋生物不能成为命运共同体的主体，但代表其利益的环保组织应该成为这个共同体的成员，这样才能保证对生态规律的尊重。

第三，海洋命运共同体要求海洋治理坚持多边主义。

全球海洋治理的方案很多，存在的问题也非常多，就渔业领域而言，一个重要的原因是没有坚持多边主义，部分国家我行我素，实施破坏规则、破坏资源的活动。例如，在捕鲸问题上，有国家坚持商业捕鲸具有合法地位，有国家借科学捕鲸之名进行商业捕鲸活动；在捕捞配额方面，有国家反对区域渔业管理组织的支配地位主张捕鱼自由。在渔业生产组织领域，更有国家使用“渔业奴隶”进行海上商业捕捞活动，有国家大力进行海洋渔船燃料补贴。

海洋命运共同体理念反映出海洋治理需要坚持多边主义。以海洋为载体和纽带，全球海洋渔业在水产品市场、捕捞技术、海洋信息、渔业文化等领域的国际合作与联系日益紧密。由于海洋的紧密联系，单边主义在渔业领域执行起来往往面临重重阻力，收效不佳。只有不断推进多边规则的制定与实施，才能促进本国海洋捕捞业的发展，也才能真正达到养护海洋渔业资源的目的。

（三）海洋命运共同体是解决公地悲剧的可行方式

公地悲剧（Tragedy of the Commons）是哈丁教授提出的理论模型，指当资源或财产有许多所有者时，每一个所有者均有权使用资源，但没有人有权或者有效阻止他人使用，由此导致资源被过度使用并最终消失。[①] 公共草场遭到过度放牧、公共海域遭到过度捕捞、河流和空气被严重污染等都是公地悲剧的典型例子。

由于《联合国海洋法公约》的生效，海洋渔业资源已经被分割，不能说渔业资源是全人类共有的资源。海洋生物资源的洄游性、生态整体性决定了该资源不能为某个国家所独享。区分海域制度满足了各国扩大管辖范围的要求并为一些国家增加了收入，但是这样的分割造成了海洋生物资源养护与管理方面的困难，专属经济区的设立人为地割裂了海洋资源的生态整体性，进一步加剧了公海渔业资源的捕捞压力。区分海域制度不但不能解决海洋渔业的公地悲剧，而且加重了这个问题。公地悲剧仍是目前渔业资源衰竭的重要根源。

海洋命运共同体是解决公地悲剧的有效方式，主要有以下原因。

（1）海洋命运共同体能够纠正个人理性与团体理性之间的偏差，在满足个人理性的前提下达到团体理性，实现对海洋渔业资源进行有效养护。公地悲剧是个人理性最大化引起的。在海洋渔业资源开发的过程中，以实现效益最大化为理性选择，没有协调与合作的个体国家行为容易演化成利益相关方集体非理性滥捕。海洋命运共同体将会把各方利益联系起来，让非理性滥捕成为历史。

（2）海洋命运共同体能够克服资源私有化的缺陷，实现不改变资源所有权状况的条件下对资源有效治理。私有化不是公地悲剧最有效的治理方式。在海洋领域，因为海洋渔业资源具有高度的流动性，以治理陆地的这种方式划分出来专属经济区，不但没有解决问题，还让海洋渔业资源养护变得复杂起来。只有将各方的命运联系起来，才能克服海洋生物资源养护的难题。

---

① Garrett James Hardin, *The Tragedy of the Commons*. Science, Vol. 162, 1968, pp. 1243-1248.

（3）海洋命运共同体能够在解决问题的同时实现资源治理。治理公地悲剧的方案之一是公地禁捕，目前进行的 BBNJ 国际协定谈判也有类似主张，要求将公海封闭起来，禁止捕捞、科研、矿业等可能影响渔业资源的活动。此种主张存在将会强化沿海国在专属经济区的捕捞权，对公海捕鱼国没有益处，并非考虑各方意见的提案。海洋命运共同体应有不同的思路，海洋资源治理需要在协调各方利益，科学决定海洋环境承载能力的情况下，给出一个符合人类整体利益的解决方案。

二、构建海洋命运共同体可以解决海洋渔业资源养护规则碎片化带来的现实问题

海洋渔业资源养护面临着重重困难，规则上有海洋法内外两个层面的原因。从海洋法内部来说，以《联合国海洋法公约》为基础、以《联合国鱼类种群协定》为主要依托的海洋渔业治理体系存在着严重的设计缺陷，突出表现为公海“共同的资源，分割的渔业”，如果没有全新的制度设计，此种情况很难改变。构建海洋命运共同体能够很好地解决海洋法的内部问题。

从海洋法的外部来说，海洋法是国际法的分支，碎片化是国际法的重要特征，即国际法内部没有法律位阶。国际环境法、国际贸易法、海洋法三者之间在海洋渔业领域因对象的同一性而相互影响，但国际法理论上三者效力平等，不存在何者优先的问题。鉴于海洋渔业资源养护规则碎片化的现实，构建海洋命运共同体需要尊重这个现实并由此出发来解决问题。

（一）海洋渔业资源养护规则碎片化的形成及其带来的现实问题分析

海洋渔业资源的养护与管理传统上是海洋法范畴。伴随着经济

全球化的发展，水产品的国际贸易量迅速增加，国际贸易法也对海洋渔业有所作为。随着全球海洋生态系统面临危险，越来越多的环保主义者、专家学者意识到：海洋渔业有必要像国内其他产业一样接受环境法的监管，国际环境法逐步被引进到海洋渔业资源养护领域。原本海洋法一家独大的渔业领域，已经成为国际贸易法、国际环境法、海洋法三法共同治理的局面。三者均为国际法，效力上没有高低之分，这是国际法不同于国内法的本质区别。海洋渔业资源养护规则碎片化由此形成。

碎片化是国际法特有的现象，对于全球治理来说是一把双刃剑。一方面，由于国际法尚不成熟，碎片化有利于国际法在不同领域迅速发展并形成初步的规则。碎片化现象的出现是以经济全球化为背景，以国际法的部门法规范迅速发展为前提的。碎片化是国际法发展中的应有现象，也是发展的一部分。

另一方面，碎片化破坏了国际法的整体性。当某一领域的国际法规则偏离了国际法总的规则，并且不能与国际法其他部分的规则相衔接，这种碎片化将损害国际法内部的统一。由此带来的是国际法内部规则之间的冲突，也会为相关国际机构的活动带来错误的指引。碎片化也被称为国际法的不成体系，国际法委员会在2000年第五十二届会议上决定将“国际法不成体系引起的危险”专题列入其长期工作方案。①

碎片化对国际法发展的利弊与价值选择，学者们的观点并不统一，目前给出宏观的结论为时尚早，但海洋渔业领域有着清晰的线索可以遵循，规则碎片化会为渔业资源养护带来现实问题。

（1）海洋渔业资源养护的规则碎片化正在侵蚀着以《联合国海洋法公约》为基础的海洋渔业法总的原则，导致了渔业资源养护

---

① 联合国文件编号：A/55/10，第九章A部分第1节，第729段。

在实体规则之间的冲突；此外，碎片化还表现为当事国将资源养护问题置于不同的争端解决机制，产生了一案两诉的“剑鱼案”“法罗群岛案”等。

（2）海洋渔业资源养护的规则碎片化正在让利益相关者面临规则选择。不仅海洋法有规则调整渔业资源养护，世界贸易组织规则也涉及生物资源养护，海洋环境法也对渔业捕捞活动提出要求，这些是国际法组成部门迅速发展的结果，是日益紧密国际关系的规则化，是海洋治理过程中必然会出现的。海洋渔民、环保团体、国家都会选择对自己有利的规则，摒弃可能影响自己利益的规则。

（3）海洋渔业资源养护的规则碎片化正在加速国家间的分歧与竞争。在渔业领域规则碎片化发展的过程中，存在着以粮农组织、世界贸易组织、经合组织间的平台竞争，也存在着发展中国家与发达国家间的对抗，公海捕鱼国与公海沿海国的管辖权争夺，还有水产品输出国与水产品输入国之间、海洋环保派与海洋利用派之间的矛盾。规则碎片化没有化解这个冲突，反而增加了解决问题的难度。

（二）构建海洋命运共同体以“协调—制度一体化”方法解决海洋渔业资源养护规则碎片化带来的问题

构建海洋命运共同体是对海洋资源的调整与重新分配，也是对海洋规则的筛选与协调，还是对海洋相关活动性质的重新界定，对各方的海洋利益也会有不同程度的影响。处理好海洋渔业资源养护的规则碎片化带来的问题，需要更好地协调国际法组成部门之间的关系，这正是构建海洋命运共同体所要做的。海洋渔业资源养护的国际法规则已经呈现相互协调的趋势。虽然没有正式提及海洋命运共同体，但 BBNJ 国际协定谈判过程中，各方正在就国家管辖外海域的生物多样性养护进行重新构思，期待达成一致。如果适当发展，BBNJ 国际协定谈判有可能成为构建海洋命运共同体的一个重要环节。

为解决海洋渔业资源养护规则碎片化带来问题，基于现在的国际关系状况，“协调—制度一体化”是构建海洋命运共同体最可能采取的方法，也将是最有效的方法。“协调—制度一体化”是务实的政治解决国际争端解决方法，但并非规则导向的解决方法。如果出现国际争端，当事国希望就它们之间存在的明显冲突的规则问题进行谈判，而不希望把权力给局外的第三人。这是海洋渔业领域政治手段争端解决方式受到偏爱的重要原因。

协调，也称为协商，是外交手段或者政治方法的一种，在解决规则冲突中起到了不容替代的作用。根植于国家政府所代表的政治利益、商业利益、外交利益等，协调的过程中各方会倾向于远离涉及到冲突规则的“适用”问题，尽量寻找务实的解决办法，重新建立已被打乱的和谐关系。尽管这是基于利益的秩序，而非基于规则的秩序，但各方将乐于接受。通过协调来解决问题符合国际力量对比的现实，也与外交人员的谈判技巧、策略等紧密相关，因为任何结果都是通过特定情况下的讨价还价之后得到的，因而难以将协调谈判的结果理解为某种习惯规则或其他规则的依据。

如果渔业资源养护的规范冲突通过协调解决了，协调的结果被多方支持而形成制度，这时候需要对已经确定存在的规则冲突做出合理解释，各方会选择性地忽略处理一些潜在或者明显的规则冲突。“协调—制度一体化”将规则冲突束之高阁或者视而不见，是具有政治智慧的解决方式，也是有效解决规则冲突的途径。

海洋命运共同体的构建过程中，“协调—制度一体化”可以解决问题，但协调应受到适当的限度。协调在为各方带来可以接受结果的同时，带给第三方或者国际社会的将是对规则设置的启示。如果没有规则，只要当事国之间存在协调的意愿，任何问题都可以进行协调，协调的牺牲不仅是谈判中处于弱势地位一方的利益，更是整个海洋命运共同体的期待以及国际社会赖以维系的秩序价值。

三、构建海洋命运共同体解决海洋渔业资源养护问题的要素分析

海洋命运共同体既是理论也是实践，是解决海洋问题的中国方案，是涉及所有海洋问题的整体方案。通过构建海洋命运共同体来解决海洋渔业资源养护问题，这是对从前海洋治理的经验总结，也是立足当前海洋渔业资源养护实践的判断选择。构建海洋命运共同体，综合运用政治、经济、文化、法律等多维度的理论知识，需要协调多方力量。

人类命运共同体的正式英文翻译为：Community of Shared Future for Mankind，来源于2018年联合国关于联合国阿富汗援助团的决议。① 海洋命运共同体的英文翻译为：a Marine Community of Shared Future②，这个翻译再次证明了：海洋命运共同体是人类命运共同体的组成与发展。

从国际法的角度来看，构建海洋命运共同体来解决海洋渔业资

---

① 关于人类命运共同体的英文翻译，国内外传媒界有个认识深化的过程。2017年2月之前，新华网英文版、人民日报英文版、央视网英文版、环球时报英文版、外交官杂志（Diplomat）网站均使用Community of Common Destiny for Mankind来表述人类命运共同体。2018年3月联合国安理会在2405号决议中采用a Community of Shared Future for Mankind的表述后，国内外媒体大多使用这个新的表述。学术界对人类命运共同体投入了较大热情，2018年以前英文文献多采用Community of Common Destiny的表述。澳大利亚国立大学张登华研究员的论文是英文文献中有代表性的。参见：Denghua Zhang, The Concept of 'Community of Common Destiny' in China' s Diplomacy: Meaning, Motives and Implications, *Asia & the Pacific Policy Studies*, vol. 5, no. 2, pp. 196-207.

② 这个翻译来源于中国日报（China Daily）的报道。参见：Zhang Zhihao, Maritime community with shared future proposed, https://www.chinadaily.com.cn/a/201904/24/WS5cbf55c2a3104842260b7dff.html Accessed on April 30, 2019.

源养护问题需要注意以下几个要素。

（一）定义“海洋命运”需要依靠海洋科技、国际组织、国际政治等因素

现代汉语“命运”是个合成词，有两层含义，一是指生死、贫富和一切遭遇；二是比喻事物发展变化的趋势与结局。[①]“海洋命运”是拟人化的提法。“海洋命运”是关于海洋问题的“人类命运”，是对人类海洋活动的趋势与结果的提前分析判断，这种分析判断应符合建立在科学证据之上，并以预警原则、生态系统原则为基础的。科学证据的获得与论证需要海洋科技，预警原则、生态系统原则的识别与适用需要国际规则的理论与实践。海洋命运共同体中的“命运”从前翻译为“Destiny”，现在翻译为“Shared Future”。这里以“Future”替代“Destiny”更加体现人类自身努力创造未来的含义，摒弃了宿命论的误解。

第一，“海洋命运”是靠人类活动创造出来的。

定义“海洋命运”需要海洋科技实力、海洋渔业资源开发与管理能力。海洋有着不同于陆地的自然环境，任何国家要想在海洋治理中占有话语权，必须拥有较强的海洋科技，拥有勘测、开发、管理资源的科技能力。就渔业资源养护而言，一国必须有较强的渔业科技能力，一定的捕捞能力以及产品加工能力等，还需要有海洋生物工程领域的高水平科学家和顶尖企业，这样才能获得国际渔业谈判中有与之相称的地位。

第二，“海洋命运”靠国际组织推动发展。

定义“海洋命运”需要国际组织的参与，无论是政府间国际组

---

① 中国社会科学院语言研究所词典编辑室，现代汉语词典（第6版），商务印书馆，2012年版，第912页。

织（例如，粮农组织、世界贸易组织等），还是非政府国际组织（例如，海洋之友、绿色和平组织等），在国际规则的制定与执行中发挥着重要作用。只有高素质的专业人员参与到各类国际组织中去，掌握区域渔业管理组织运行与实践的特征，预知渔业管理的趋势，这样才能掌握“海洋命运”。国际组织作为国际法的主体、独立的国际关系行为体，有着独立的意志和判断，或主导或影响海洋渔业资源养护，可以一定程度地降低部分国家利益和意志干扰，实现“海洋命运”朝着有利于人类整体利益的方向发展。

第三，“海洋命运”依赖国际政治环境。

定义“海洋命运”离不开特定的国际政治环境。无论是国家，还是国际组织，都生活在特定的国际政治环境中。渔业资源养护涉及的国际政治环境内容广泛，不仅有发达国家与发展中国家的矛盾，还有发达国家内部由于渔业资源分配不均引起的矛盾，还涉及地缘政治、海洋文化、海洋争端等多种因素。国际政治环境可以决定“海洋命运”，这不是无边际的任意决定，是要以国际法为依据的。

（二）“共同体”代表着利益、秩序、目标与约束机制

现代汉语中“共同体”有两层含义，一是指人们在共同条件下结成的集体；二是指由若干国家在某一方面组成的集体组织。[①] 海洋命运共同体中的“共同体”翻译为“Community”，这与欧洲共同体（European Community）的表述相同。

“命运共同体”并不当然是利益共同体，短期内还会引起利益冲突。从1958年建立欧洲经济共同体（European Economic Commu-

---

① 中国社会科学院语言研究所词典编辑室，现代汉语词典（第6版），商务印书馆，2012年版，第457页。

nity）的《罗马条约》生效到1987年代表欧洲共同体基本实现的单一欧洲法令（《Single European Act》）生效，欧洲共同体的形成经历了漫长曲折的利益博弈过程。

第一，“共同体”代表一定的利益。

海洋渔业资源并不是各国共有，即使共有资源的公海渔业资源并不等于各方具有共同利益，相比欧洲经济共同体的建设，构建海洋命运共同体涉及更多的国家，会引起更加广泛的利益冲突。这不是海洋特有的，而是构建人类命运共同体所必须的。有学者指出，全球化的深入发展所催生出来的国际社会共同利益，是构建人类命运共同体的物质基础。人类需要在国际社会共同利益的基础上，建设命运共同体。[1]“共同体”成员不一定事事都有共同利益，但一定存在共同利益，并且有扩大共同利益的期待。

第二，“共同体”代表一种秩序。

在“共同体”成员的体系内，一般规律是通过局部秩序逐步扩大来实现更大范围的秩序。欧洲经济共同体起步于特定几个行业，逐步实现人员、货物、资金、服务4个方面的自由流动，相对于传统的国家市场秩序，欧洲共同体的统一市场是一种新秩序。海洋共同体的构建需要在一定程度上打破旧的以《联合国海洋法公约》为基础的渔业资源养护秩序，建立以生态系统方法为主要养护手段的新秩序，逐步形成一种全新的海洋秩序。

第三，“共同体”代表一定的目标。

目标是这些国家组成“共同体”的美好愿景（Shared Future）。凭借经济学上比较优势理论的成功实践，欧洲经济共同体证明了欧洲一体化让所有成员国在经济上获益。欧洲一体化是欧洲经济共同

---

① 李赞，“建设人类命运共同体的国际法原理与路径”，《国际法研究》，2016年第6期，第49页。

体的目标。海洋命运共同体也会有自己的目标。就渔业资源养护领域而言，让海洋渔业资源获得持久利用或者养护海洋生态系统就是“共同体”的目标。

第四，“共同体”代表一定的约束机制。

古今中外，任何组织机构都存在着内部约束机制，这种约束机制或强或弱，对于保障组织的存在与运行是十分必要的。为了保障政令统一，欧洲共同体有专门的法院系统负责解释与运行欧盟法，还设有专门的审计监督机构，欧共同体理事会、欧洲议会都对欧共体委员会负有监督职权，这些是欧洲共同体成功的重要保障。在构建海洋命运共同体的过程中也会逐步形成一定的约束机制，让各方的行为能够得到限制。

（三）“构建”可凭借适当的国际合作平台以渔业优先来实现

构建海洋命运共同体，通过双边外交途径会有效果，但如果选择适当的国际合作平台，构建步伐会显著提升。国际合作平台主要有论坛、会议、国际合作机制、国际组织等多种多样的形式。

根据当前海洋治理的现实与可供选择的平台，构建海洋命运共同体应分 3 个层次：① 广泛参与各种国际论坛或学术、非学术的交流会。例如，每年召开“海洋事务和海洋法不限成员名额非正式协商进程会议”（Open-Ended Informal Consultative Process on Oceans and Law of the Sea）（以下简称 UNICPOLOS 会议）；② 抓住关键国际合作机制进行重点突破。例如，金砖合作机制（BRICS）、二十国集团（G20）等。通过这些平台讨论分析公海问题、渔业问题，形成共同声音的可能性会高于联合国大会框架；③ 重视联合国大会、世界贸易组织、粮农组织等机构组织推进的多边国际谈判。

构建海洋命运共同体涉及国际政治、军事、经济、文化等多层面的议题，其中有高敏感度的领土主权与管辖权争端，还有几十年来争议不下的国际海底区域矿产开发制度，还有防止塑料垃圾涌入海洋，保障国际航道的安全与防止海上恐怖主义，保护与开发极地资源等。构建海洋命运共同体不仅依靠国家间的双边关系、多边关系，还需要协调政府间国际组织的运行，重视非政府间国际组织的功能，是一个非常复杂的系统工程。在这个系统工程中，应将低敏感度的海洋渔业资源养护放在优先发展的位置。

将海洋渔业资源养护作为海洋命运共同体的优先发展领域，原因如下。

第一，海洋渔业是人类最古老的海洋生产之一。

同海洋矿业、海洋新能源以及海洋油气资源开发相比，海洋渔业和航运是最早的海洋生产方式，历史悠久。海洋渔业为人类提供了大量优质的蛋白质外，还创造了多彩多样的海洋文明。海洋渔业是所有涉海行业中从业人员数量最多的，也是关系到人类粮食安全、居民食品安全的重要行业。海洋水产品的国际贸易对部分发展中国家有着重要的经济、政治意义。

第二，海洋渔业治理的深入期待着海洋法规则的变革。

海洋渔业主要受海洋法的调整，经过漫长的历史演进，海洋法形成了许多基础规则，例如公海自由。随着科学技术的进步，这些海洋法基础规则面临重重挑战，是否需要调整，该如何调整，成为人类为了长远利益必须面对的话题。伴随着科技的进步与海洋治理的深入，传统的捕鱼方式（例如，小型海底脱网捕鱼）是否需要变革或者禁止，新科技带来的捕鱼技术（例如，雷达或者卫星引导捕鱼）是否应被限制或者禁止，这些迫切要求国际法对捕鱼规则给出清晰的答案。

第三，海洋渔业关涉到问题的敏感度与广度适当。

选择构建海洋命运共同体的优先发展领域，不能选择敏感度过高的领域。例如，岛屿争端等，政治、军事等原因会限制国际合作的程度。也不能选择过于冷门的领域，例如，潮汐能国际合作，科技、技术等原因会限制参与国家、企业的数量；这两种情况的国际合作都会因多重限制而无法深入。总体而言，海洋渔业属于经济领域，在敏感度方面有着显著的优势，既不是太高，也不是太低，刚好可以进行国际合作。

海洋渔业资源养护有着自身的治理体系，在一定程度上与海洋环境、生物多样性等领域有交集，但不是海洋问题的全部。以海洋渔业为先导，有着问题面不是过于广泛，也不是过于狭窄的优势，便于进行国际谈判。选择构建海洋命运共同体的优先发展领域，有利于取得阶段性成果，让人们看到信心，同时，治理好海洋渔业会对与之有交集的海洋环境、生物多样性等领域产生示范效应，为全面构建海洋命运共同体打下基础。

本章小结

我国提出的海洋命运共同体是人类命运共同体的组成与发展，能够从当前海洋渔业的理论问题出发，是解决公地悲剧的可行方式，这些为解决海洋渔业问题提供理论支撑。构建海洋命运共同体以“协调—制度一体化”方法解决海洋渔业资源养护规则碎片化带来的问题。构建海洋命运共同体解决海洋渔业资源养护问题的主要要素有：定义“海洋命运”需要依靠海洋科技、国际组织、国际政治等因素；“共同体”代表着利益、秩序、目标与约束机制；“构建”可凭借适当的国际合作平台以渔业优先来实现。

本章定位

本章定位于研究海洋渔业资源养护国际规则变动的前景，分析对象为海洋命运共同体。从理论需求、实际需要两个方面论证这个方案的意义后，指出构建海洋命运共同体需要特别注意的要素。

第十一章　海洋渔业资源养护国际规则变动的中国立场与应对策略

就世界范围内而言，各国对海洋权益的争夺在很大程度上表现为因海洋渔业利益的冲突而对渔场、捕鱼权的争夺。从海洋法内部来说，渔权是海权的重要内容和主要表现形式。[①] 渔权是受到海洋渔业资源养护规则限制的国家权利。国家间海洋权益的冲突焦点正在从渔权争夺转换到海洋渔业资源养护国际法规则变动。

我们作为一个负责任的大国，在国际规则制定中不能当旁观者、跟随者，而是要积极做参与者、引领者，以开放、包容和自信的姿态，维护和拓展我国发展利益。在国际规则制定中发出更多中国声音、注入更多中国元素，努力在经济全球化中抢占先机、赢得主动。[②] 面对错综复杂的海洋渔业资源养护国际规则变动。中国有着自己清晰、明确的立场并采取了积极的、负责任的策略。

一、中国是海洋渔业资源养护国际规则变动的参与者而非旁观者

作为负责任的大国，中国重视海洋渔业资源养护，重视遵守国际法来开展渔业养护活动，是规则变动的参与者。自 20 世纪 80 年

---

① 黄硕琳，“渔权即是海权”，《中国法学》，2012 第 6 期，第 68-77 页。

② 中国政府网，中共中央政治局 2014 年 12 月 5 日就加快自由贸易区建设进行第十九次集体学习。http：//www. gov. cn/xinwen/2014 - 12/06/content_2787582. htm，访问时间：2019 年 6 月 12 日。

代以来，我国在渔业资源养护领域取得了较好的业绩，形成了鲜明的立场，具体分析如下。

（一）作为负责任渔业国中国依靠法制的力量来养护海洋渔业资源

《中华人民共和国渔业法》（以下简称《渔业法》）制定于1986年，经过2000年、2004年、2009年、2013年4次修正，对渔业资源环境、渔业资源的保护力度逐步加大。我国环境资源法中没有“养护”的概念，但《渔业法》中有23处“保护”、7处“增殖”。使用“增殖”“保护”“合理利用”等几个含义基本相同的词语来表达“养护”的要求，这是我国《渔业法》的特色之一。该法第1条“为了加强渔业资源的保护、增殖、开发和合理利用”的表述，以国际法通行的表述应为“为了加强渔业资源的养护与管理”。该法第四章的题目“渔业资源的增殖和保护”，如果用现在的法学术语来表述应为“渔业资源的养护”。

目前，我国法律条文中没有“养护”的用语表述，但渔业实践中“养护”与“保护”并用，存在着相互替代、相互涵盖的关系。例如，2013年国务院的文件中4次提到“资源养护”，2次提到“生态保护”，2次提到“生态环境保护”，4次提到“增殖”。[①] 2017年制定的《“十三五”全国远洋渔业发展规划（2016—2020年）》中“养护”只用于区域渔业管理组织的名称，文件中更多使用“保护海洋生态环境”“资源环境保护”等词汇。[②] 这些体现出：我国在渔业资源养护领域有适用环境法的倾向，将采取比国际

① 《国务院关于促进海洋渔业持续健康发展的若干意见》（国发〔2013〕11号）。

② 马艳霞，“建设负责任远洋渔业强国 农业部副部长于康震解读《‘十三五’全国远洋渔业发展规划（2016—2020年）》”，《中国渔业报》，2017年12月25日，第A01版。

标准更加严格的措施。

我国非常重视渔业资源的养护和修复。早在2006年，国务院曾指出，水生生物资源养护是一项“功在当代、利在千秋”的伟大事业。养护和合理利用水生生物资源对促进渔业可持续发展、维护国家生态安全具有重要意义。将水生生物资源养护工作纳入国家生态建设的总体部署，对水生生物资源和水域生态环境进行整体性保护。地方各级人民政府要增强责任感和使命感，切实加强领导，将水生生物资源养护工作列入议事日程，作为一项重点工作和日常性工作来抓。渔业资源养护和修复被列为重点内容之一。[①]《国家中长期科学和技术发展规划纲要（2006—2020年）》明确提出，重点研究开发海洋生物资源保护和高效利用技术。

2012年11月，党的十八大报告明确提出了维护国家海洋权益、建设海洋强国的目标。[②] 2013年3月国务院下发的《关于促进海洋渔业持续健康发展的若干意见》明确提出了“加强海洋渔业资源环境保护，养护水生生物资源，改善海洋生态环境”的基本原则。[③]这里“保护”“养护”用词符合法律含义，十分准确。

2017年11月，党的十九大报告指出：坚持陆海统筹，加快建设海洋强国。2018年10月我国农业农村部部长韩长赋在山东烟台召开的全国海洋牧场建设工作现场会上指出：“当前推进海洋牧场建设，要坚持生态优先，科学把握现代化海洋牧场建设的定位，始终将资源环境保护放在首要位置，要大力养护海洋生物资源，实现

---

① 《中国水生生物资源养护行动纲要》（国发〔2006〕9号）。

② 胡锦涛，“坚定不移沿着中国特色社会主义道路前进 为全面建成小康社会而奋斗——在中国共产党第十八次全国代表大会上的报告”，《人民日报》，2012年11月18日，第1版。

③ 《国务院关于促进海洋渔业持续健康发展的若干意见》（国发〔2013〕11号）。

永续利用、可持续发展。”①

2017年以来，我国对海洋休渔制度进行调整，统一延长了休渔时间，进一步加大对捕捞强度的控制。根据我国农业部数据，2017年1—11月我国共压减海洋渔船5 000多艘、核减功率指标40多万千瓦，我国海洋捕捞产量同比减少7.4%，海洋渔业资源养护取得明显成效。同时，我国积极建设海洋牧场，进行“耕海牧渔”。目前全国已建成国家级海洋牧场示范区42个、海洋牧场233个，海域生态系统得到修复，渔业资源养护效果明显。②

对所有涉及我国远洋渔船的违法违规问题，我国农业农村部进行严肃调查处理。2016年以来，农业农村部连续3年开会部署加强远洋渔业规范管理工作，查处了福州东鑫龙远洋渔业有限公司等重大违法违规案件，先后发布6批违法违规情况通报，对105家违规企业、313艘违规渔船依法进行处罚；对243名船长予以罚款或吊销职务船员证书；取消4家、暂停9家企业的从业资格；将被农业农村部取消或暂停从业资格的5家企业的6名高管人员和9名被吊销职务船员证书的船长共15人列入第一批远洋渔业从业人员“黑名单”。③

（二）作为渔业大国中国推动海洋渔业资源养护国际规则变动

作为世界上最大的发展中国家，中国是水产品生产和出口大国，同时也是水产品进口大国，这一方面因为中国为其他国家提供

① 韩长赋，“加快推进海洋牧场建设 促进海洋渔业转型升级”，《中国渔业经济》，2018年第5期，第2-3页。

② 于婷，“我国海洋捕捞产量下降渔业资源养护成效明显”，《中国海洋报》，2017年12月21日，第A03版。

③ 舟山市远洋渔业协会官网，农业农村部在舟山召开全国远洋渔业规范管理经验交流座谈会，用规范管理“择优汰劣”。http://www.zsdwf.com/shownews.asp?newsid=951，访问时间：2019年6月15日。

水产品加工外包服务，另一方面是因为国内对非国产品种的消费量也在不断增长。[①] 尽管我国实行了严格的资源养护政策，这种趋势并没有改变。2017 年 1—10 月，我国水产品进出口总量 768.74 万吨，进出口总额 262.91 亿美元，同比分别增长 13.27%和 7.94%。其中，出口量 347.26 万吨，出口额 168.73 亿美元，同比分别上涨 2.93%和 1.47%，实现贸易顺差 74.55 亿美元。[②]

流网捕捞借助浮子和沉子使网具保持垂直，在水面或水中缠住鱼类，严重损害海洋渔业资源、破坏生态环境、降低海洋生物多样性，影响航行安全，又被称为“幽灵捕捞”。1989 年联合国大会第 44 届会议上，澳大利亚等 19 个国家的代表团，就禁止在公海使用流网作业的问题，达成了一致性建议，并在同年 12 月 22 日第八十五次全体会议上通过。该决议呼吁国际社会的所有成员在保护和管理海洋生物资源上加强合作，要求有关专门机构，紧急研究大型流网作业对海洋生物资源的影响，并立即采取行动，逐步减少流网捕鱼活动，到 1992 年 6 月 30 日暂禁所有大型流网作业。[③]

我国代表对此项联大决议投了赞成票，我国农业部随后发布通知要求企业按时停止使用大型中上层流网作业。[④] 在 2006 年召开的中日渔业联合委员会筹备会上，日方向我方提交了“鲁牟渔 6004、6007、6008”3 艘渔船涉嫌在北太平洋公海非法使用流网作业的证据材料。我渔政部门调查核实，2006 年初停泊在山东石岛靖海渔业公司码头的“鲁牟渔 6003、6004”船（属荣成市荣远渔业有限公

---

① 粮农组织，《2016 年世界渔业和水产养殖状况：为全面实现粮食和营养安全做贡献》，罗马，2016 年，第 7 页。

② 陈鹏，“1 月至 11 月渔业经济运行良好”，《中国渔业报》，2017 年 12 月 25 日，第 A01 版。

③ 联合国文件编号：A/RES/44/225

④ 《农业部关于印发联合国大会通过禁止在公海使用大型流网决议的通知（［1990］农［渔政］字第 18 号）》

司）和停泊在大连黑嘴子军用码头的“鲁牟渔 6007、6008、6009”船（属大连远洋水产有限公司）已排除公海非法流网作业嫌疑，并认定日方提交的“鲁牟渔 6004、6007、6008”3 艘渔船属假冒船名号涉嫌公海非法作业渔船。[①]

2007 年 10 月 5 日，在北太平洋公海巡航的美国海岸警卫队“鲍特维尔”号船查获“鲁荣渔 2659、2660 和 6105”渔船，3 艘渔船涉嫌在北太平洋公海非法从事流网捕鱼作业，根据我国政府和美国政府于 1993 年签署的《关于有效合作和执行联合国大会 46/215 号决议的谅解备忘录》，美方将渔船移交中国渔政调查处理。2007 年 10 月 11 日，“中国渔政 201”船前往北太平洋海域将 3 艘涉案渔船押回国内。经过两个多月的调查取证，农业部东海区渔政渔港监督管理局最终认定 3 艘渔船在北太平洋公海非法流网捕鱼的事实，依法作出了行政处罚，罚款人民币 15 万元，没收渔获物 81.33 吨后拍卖，没收 3 艘渔船后拍卖，没收流网网具后销毁。[②]

作为负责任的渔业国家，我国高度重视并致力于世界海洋渔业资源的养护与合理利用，与相关国际、区域渔业组织和主要渔业国家开展合作，遵守相关养护和管理措施，履行相应的国际责任和义务。2016 年经中国政府批准，部分中国渔船在北太平洋公海开展渔业生产，主要的作业方式是鱿鱼钓、灯光围网和秋刀鱼舷提网。日方媒体反映约有 200 条中国渔船聚集在日本东海岸专属经济区外，有关船只使用“虎网”并不断发送错误的位置信息，中国有关部门进行了认真核实，核实结果是中国渔船从未使用任何国际或区域渔业管理组织禁止或限制使用的方式方法捕鱼，也不存在中国渔船故

---

① 《渔政渔港监督管理局关于协查假冒“鲁牟渔 6004、6007、6008”船名号涉嫌公海非法流网作业渔船的通知》（国渔指［2006］9 号）

② 刘建，“东海渔政局严厉处罚一起公海流网捕鱼案件 三艘渔船被扣押并处罚款”，《法制日报》，2008 年 1 月 14 日，第 03 版。

意发送错误定位信息的情况。[①]

二、中国是海洋渔业资源养护国际规则变动的引领者而非跟随者

作为国际上有着重要影响力的大国，中国重视与粮农组织合作，重视通过区域渔业管理组织和国际合作来养护海洋渔业资源。自进入21世纪以来，中国正在成为国际规则变动的引领者，为构建海洋命运共同体贡献力量。

（一）主动承担缔结条约外海洋渔业资源养护义务

根据是否缔结相关条约，一国养护海洋渔业资源的国际义务可以分为两部分，一类是依据缔结条约而承担的国际义务；另一类是没有条约约束但依据养护海洋渔业资源的客观需要而须承担的义务，此类义务超出条约义务的要求，要求非缔约国遵守。

在养护海洋渔业资源的过程中，中国主动担当承担更多义务，范围远超过我国缔结的条约要求，主要有如下几个方面。

第一，尽管我国没有加入某国际条约，但我国在实践中承担了该条约义务。

我国签署但尚未批准《联合国鱼类种群协定》，尚未签署《港口国措施协定》《挂旗协定》。海洋渔业资源养护实践中，我国已经承担了3项渔业协定的大部分义务。并非强调是否具有缔约国身份，但履行缔约国义务，这是中国参与海洋渔业治理的重要方式之一，也是我国以生态系统方法治理海洋思想的体现。

---

① 外交部官网，2016年8月24日外交部发言人陆慷主持例行记者会。https：//www. fmprc. gov. cn/web/wjdt_674879/fyrbt_674889/t1391494. shtml，访问时间：2019年2月1日。

第二，中国参加区域渔业管理组织并积极实践管理组织的养护要求。

区域渔业管理组织是当前海洋渔业资源养护的主角。截至 2019 年 6 月，我国已经加入的区域渔业管理组织已经达 7 个，我国积极落实这些组织的养护要求，履约情况获得好评。2018 年我国在印度洋金枪鱼委员会、大西洋金枪鱼委员会和南极海洋生物资源养护委员会等区域渔业管理组织中的履约分数均名列前茅，为树立中国负责任渔业大国形象注入了正能量。①

依据“十三五”规划，中国将继续积极参与区域渔业管理组织事务，推动构建公平合理的国际渔业治理机制。中国的立场是认真履行国际义务，提高国际履约能力，保障和维护我国海洋渔业权益。我国还将深化双边渔业合作，与 3~5 个“一带一路”沿线及重要入渔国签署建立政府间合作机制，鼓励企业按照互惠互利的原则参与所在国和地区的经济社会建设，促进当地区经济社会发展。②

第三，中国积极支持粮农组织关于的渔业资源可持续利用的主张。

我国曾多次与粮农组织、联合国环境规划署密切合作，为落实《濒危野生动植物种国际贸易公约》《养护野生动物移栖物种公约》等积极努力。我国参与粮农组织的政策制定，积极实施各项国际行动计划，例如，粮农组织 1999 年出台的《减少延绳钓渔业中误捕海鸟国际行动计划》《鲨鱼养护和管理国际行动计划》《捕捞能力管理国际行动计划》；2001 年出台的《预防、制止和消除 IUU 捕鱼

---

① 舟山市远洋渔业协会官网，重拳整治远洋渔业非法捕捞农业农村部取得显著成效。http：//www. zsdwf. com/shownews. asp？ newsid=972，访问时间：2019 年 2 月 1 日。

② 我国农业农村部渔业渔政管理局官网，《“十三五”全国远洋渔业发展规划》。http：//www. moa. gov. cn/gk/ghjh_1/201712/t20171227_6128624. htm，访问时间：2019 年 3 月 6 日。

国际行动计划》。我国还多次支持粮农组织制定和实施有关渔业活动的国际准则，包括兼捕管理和减少丢弃物；生态标签和可追踪性，减少鱼类损失和浪费；以及供应链效率等。

（二）“零容忍”打击 IUU 捕捞并主动减少捕捞产能

IUU 捕捞活动直接影响海洋渔业资源，破坏海洋生态环境。如何将打击 IUU 捕捞落到实处关系到我国渔业的国际形象，是可持续发展目标得以实现、建设海洋强国战略的重要环节。过剩的渔业产能与众多的渔业从业者，使得我国打击 IUU 捕捞面临较大困难。

根据联合国粮农组织的数据统计，我国 2016 年海洋捕捞产量为 1 524.62 万吨，约占世界全年总产量的 19.2%。[①] 从 2012 到 2016 年，中国捕捞渔业和水产养殖业的从业人数约为 1 420 万～1 460万，占世界总数的 25%左右。[②] 但根据我国渔业年鉴的统计，2016 年年底，我国的渔业从业人数为 1 937 万，其中传统渔民为 661 万，渔业从业人员数为 1 382 万，均比上一年度下降 2%以上。[③] 为了养护资源，中国政府计划到 2020 年，将中国的渔船数量减少 2 万艘，马力消减 150 万千瓦，捕捞量要消减 309 万吨，减到 1 000 万吨以下。[④]

根据依法治国的要求，我国坚持对 IUU 捕捞的“零容忍”态度需要有法律支撑。以 2001 年粮农组织制定的《打击 IUU 捕捞国

---

① 粮农组织，《世界渔业和水产养殖状况 2018》，粮农组织出版，2018 年，第 9 页。

② 粮农组织，《世界渔业和水产养殖状况 2018》，粮农组织出版，2018 年，第 30 页。

③ 农业部渔业渔政管理局，《2017 年中国渔业统计年鉴》，中国农业出版社，2017 年，第 10 页。

④ 中国政府网，董峻，任可馨，中国海洋渔业进入转型升级 2.0 时代。http：//www.gov.cn/xinwen/2017-01/20/content_5161735.htm，访问时间：2019 年 1 月 20 日。

际行动计划》为标准，我国当前渔业法律法规体系可以满足此需求，成为我国打击 IUU 捕捞的法制基础。

首先，我国渔政部门依法打击涉渔“三无”船舶体现出国家对国民的控制，履行国家的渔船登记义务，履行建立、执行与监督捕捞许可制度的义务。

涉渔“三无”船舶指无船名船号、无船籍港和无船舶证书（或“三证”不全）的渔业船舶。从国内捕捞船舶登记角度来说，我国渔政部门依据《渔业法》《渔业港航监督行政处罚规定》查验船舶证书，具体指《渔业船舶检验证书》《渔业船舶登记证书》《渔业捕捞许可证》和《渔业船舶国籍证书》等。

目前我国部分行政单位针对涉渔“三无”船舶一律采用没收的处罚方式，形式过于简单，不符合《行政处罚法》的要求和法治理念。有学者认为：没收的法律依据仍存在不足争议，在实际执法操作过程中已呈现诸多问题。从对涉渔“三无”船舶界定、没收涉渔“三无”船舶的执法主体及处罚依据等方面的调查后发现，涉渔“三无”船舶认定困难、执法主体众多且权责不明、没收条文表述界定模糊、没收标准存在差异和没收后续执法困难等问题。要从根本上解决涉渔“三无”船舶问题，必须从法律制度层面着手，从执法根源上予以完善。①

其次，我国渔政部门近 3 年实行“亮剑”行动，积极采取沿海国措施、港口国措施、通过国际合作来打击 IUU 捕捞活动。

为严厉打击涉渔违规违法活动，确保渔业生产秩序持续好转，我国农业农村部在 2017 年、2018 年、2019 年 3 年组织开展“中国渔政亮剑”系列专项渔政执法行动。目标是有效落实海洋及内陆大

---

① 裴兆斌，解姝，“涉渔‘三无’船舶没收法律问题及其制度完善”，《沈阳农业大学学报》（社会科学版），2018 年第 1 期，第 36-40 页。

江大河（湖）休禁渔制度，清理取缔涉渔“三无”船舶和“绝户网”等违规网具，严厉打击违法违规渔业行为，保护渔业资源及水域生态，保障渔民群众生命财产安全。充分发挥涉外渔业综合管理协调机制作用，建立健全渔政与海警、公安等相关部门执法协作机制，巩固完善我国与周边国家渔政部门间联合执法机制。

“亮剑 2019”行动包括 10 个具体专项执法行动，几乎每一项都与打击 IUU 捕捞活动相关，尤其以第 4 项指向最明确。“亮剑 2019”第 4 项是违规渔具渔法清理整治专项执法行动。我国渔政部门将联合市场监管等部门排查网具生产、经营企业，对生产、经营禁用渔具的，依法处罚；依托渔港、码头等船舶停泊点集中整治违禁违规渔具；严肃查处使用禁用渔具和网目尺寸严重偏离国家规定的渔具行为。我国渔政部门将深入推进海洋违规渔具整治“清网”行动，将使用禁用渔具和网目尺寸严重偏离国家规定的渔具，特别是拖网、张网等主要作业方式作为执法重点，严厉打击、坚决查处；对渔获物幼鱼比例不符合国家通告要求的，依相关法律法规严肃处理。对没收的违规渔具集中公开销毁，向社会传递打击违规渔具的坚定决心，形成震慑。①

三、在海洋渔业资源养护国际规则变动中发出中国声音

海洋渔业资源养护国际规则的变动是规则的调整，更是利益格局的变革，将会深度影响海洋的命运以及人类的生产生活方式。作为负责任的大国，中国有必要发出自己的声音，维护和拓展我国发展利益，为构建海洋命运共同体积累正能量。下面以积极参与国际

---

① 农业农村部 2019 年 3 月 8 日印发关于《“中国渔政亮剑 2019”系列专项执法行动方案》的通知（农渔发〔2019〕8 号）。

规则谈判、积极参加区域渔业管理组织为例来说明我国如何有策略地发出中国声音。

（一）在 BBNJ 国际协定谈判中发出中国声音

BBNJ 国际协定谈判进程始于 2004 年，历经 11 年 9 次特设工作组会议和 2 年 4 次预备委员会会议，目前已进入政府间谈判的关键阶段。该协定被视为《联合国海洋法公约》第三份执行协定，受到国际社会高度重视。

2018 年 9 月 4—17 日，BBNJ 国际协定谈判政府间大会第一次会议在纽约联合国总部召开，来自 120 余个国家和近 70 个国际组织派代表出席。会议就海洋遗传资源及其惠益分享、海洋保护区等划区管理工具、环境影响评价、能力建设和海洋技术转让等重要议题进行了讨论。

中国代表团由外交部、中央外办、自然资源部、农业农村部和常驻联合国代表团派员组成，外交部条约法律司副司长马新民任团长。中国代表团在所有议题下积极发言，全面、系统阐述中国在相关问题上的政策立场，并就协定“零案文（Zero Draft）”的起草、谈判、下步工作提出看法和建议，获得与会各方高度评价。①

2019 年 3 月 25 日至 4 月 5 日，BBNJ 国际协定谈判进入第二阶段。此次会议将国际协定的对象总体上确定为海洋遗传资源，对敏感而又复杂的渔业问题采用了回避态度。只有两次涉及渔业问题。第一次提到渔业问题在 3 月 25 日，由日本财团（The Nippon Foundation）支持的活动，题目为“ No fish left behind：fisheries under

---

① 中国外交部官网，中国代表团出席海洋生物多样性国际协定谈判政府间大会第一次会议。https：//www.fmprc.gov.cn/web/wjbxw_673019/t1597082.shtml，访问时间：2019 年 3 月 25 日。

BBNJ”，翻译为：BBNJ 视野中的渔业：不应剩下一条鱼。该活动组织者意在表达 BBNJ 谈判中对渔业问题采取回避态度是错误的。第二次提到渔业问题在 4 月 2 日，联合国环境规划署与粮农组织建议应增进 BBNJ 国际协定与区域渔业项目、区域渔业管理组织的合作。

作为世界领先的捕鱼大国，我国对 BBNJ 国际协定谈判中的渔业问题保持着高度敏感与警惕。此次谈判中，我国与其他多数国家的代表一道，在谈判中尽量将渔业问题排除在外，有利于维护我国渔民的海洋权益，也是让谈判得以进行的重要途经。否则，各国就渔业问题的讨论将影响到谈判的推进，会带来各国代表解决不了的问题。第二、第三阶段谈判也出现了这样的倾向，部分国家主张废除公海自由，公海捕鱼自由也被认为可以取消。从 BBNJ 国际协定（草案）来看，取消捕鱼自由的可能性不大，但新的渔业品种开发将受到严格限制。第四阶段谈判将于 2020 年上半年举行，渔业问题仍将是各国争论的焦点之一。

（二）在南极海洋生物资源养护委员会中发出中国声音

南极海域有着丰富的海洋生物资源，这包括蕴藏量丰富的磷虾以及市场价值较高的南极犬牙鱼、南极冰鱼等。为养护与合理利用南极海洋生物资源，澳大利亚、新西兰、美国等国于 1980 年 5 月 20 日签署了《南极海洋生物资源养护公约》。该公约于 1982 年 4 月 7 日生效。委员会秘书处设在澳大利亚塔斯马尼亚州首府霍巴特。经国务院批准，中国于 2006 年 10 月加入《南极海洋生物资源养护公约》并于 2007 年 8 月 2 日经申请成为委员会成员。自 2007 年 10 月 2 日起，中国成为南极海洋生物资源养护委员会的正式成员。

2011 年在南极海洋生物资源养护委员会第 30 届科学委员会会议上，新西兰和美国分别提出在罗斯海（Ross Sea）建立海洋保护区的建议并获得审查通过。2012 年在南极海洋生物资源养护委员会第 31 届会议上，仍先是由新西兰和美国两个国家分别提议，后经会议讨论和磋商，将两个独立的提案予以合并，形成新西兰——美国联合提案。提案建议的海洋保护区面积达 227 万平方千米，包括 3 个地带：普遍保护区、特别研究区、产卵期保护区，其中普遍保护区面积最大，大约 160 万平方千米。由于没有充分的时间进行磋商，会议决定召开一次特别会议，以专门商讨海洋保护区问题。

程序上由于设立保护区需要全部缔约方协商一致，实体上由于中国在极地事务中的重要地位，我国的态度对保护区的设立至关重要。中国多年来曾经对南极海洋保护区持保留意见。2013 年以来中美之间针对罗斯海开展多次对话。2015 年在中美两国首脑的高层共识的推动下，中国公开表达了对罗斯海海洋保护区提案的支持。2016 年 10 月 28 日，由来自 24 个国家和地区以及欧盟的代表组成的南极海洋生物资源养护委员会共同签署一份协定，决定在南极罗斯海设立海洋保护区。罗斯海将设立一个一般性的保护“禁捕区”，禁止从该保护区内捕捞任何海洋生物或矿物。罗斯海保护区内仍将有几个可对磷虾和齿鱼进行科研捕捞的特殊区域。

罗斯海区域海洋保护区拉开了南极海洋生物资源养护委员会建立保护区的序幕，出现了更多的南极海洋保护区提案。[①] 由欧盟提出的有关建立威德尔海（Weddell Sea）海洋保护区的提案 2018 年 10 月提交委员会讨论，但没有获得通过。有报道指出，俄罗斯、中国、挪威表达了反对意见。

---

① 周超，“南极罗斯海将建全球最大海洋保护区”，《中国海洋报》，2016 年 11 月 2 日，第 3 版。

关于海洋保护区，我国政府有着自己的构建思路、制度设计。2018 年 11 月，我国国家海洋局局长王宏在京会见南极海洋生物资源养护委员会执行秘书大卫・阿格钮。王宏就我国在委员会的协调下进一步参与南极生物资源养护提出 3 方面建议：一是在秘书处已有数据库的基础上，扩展建设南极生物资源监测网络，使各国共享南极生物监测和管理活动信息，提升南极科考的透明化程度；二是推动建立南极海洋保护区多方参与机制，使南极海洋保护区的设立能够兼顾各方关切，建设进程更加公开、有序；三是希望秘书处在海洋保护区数据共享方面发挥作用，吸引更多国家参与其中，使科考活动的目标更加清晰，效率更高。[①]

四、应为海洋渔业资源养护国际规则变动注入中国元素

海洋渔业资源养护国际规则的变动内容繁多、有些杂乱，实则规律性明显，这种规律性主要来源于生物资源养护的自然规律、渔业生产的经济规律，还有国际规则变动中的国际政治规律。作为负责任的渔业大国，我国在遵守自然规律、经济规律的同时，也要关注规则变动中的国际政治规律。

根据国际政治规律，大国在国际规则变动中的作用是独特的，不仅是规则变动的参与者、引领者，更会选择时机、创造条件来为规则变动注入本国元素。作为在全球政治、经济格局中有着举足轻重地位的大国，作为在海洋渔业领域有着重要影响力的国家，中国有必要在渔业资源养护国际规则的变动注入中国元素，主要有以下几个方面。

---

① 于德福，“王宏会见南极海洋生物资源养护委员会执行秘书 进一步参与南极生物资源保护”，《中国海洋报》，2018 年 11 月 21 日，第 1 版。

（一）注入中国元素的目的是维护中国渔业的产业利益

纵观寰宇当前国际经济治理中的“规则竞争”日益激烈。以美国为代表的西方国家为实现本国货物、服务与资本在全球新型生产体系中的扩张，在国际贸易谈判中大力推动以“边界内措施”为主的新商业规则，试图谋取全球经济治理的主导权，进而达到统筹全球价值链、强化本国核心竞争力和约束新兴经济体未来经济发展的目的。①

不同类型的国家、处于不同发展阶段的国家，海洋渔业对国民经济的贡献比例差异巨大。不同社区，不同文明，社会公众对渔业活动的价值认知、判断也不相同。这些带来了规则变动的复杂性。海洋渔业资源养护的国际规则变动必然引起渔业产业的深度调整，这种调整将影响渔业利益的国别分配。

国际法规则的变动带来渔业产业格局变化，也会带来新的规则变动需求。1982 年 12 月 10 日《联合国海洋法公约》通过，1994 年 11 月 16 日生效，结束了 200 海里自由捕鱼的时代。在实施专属经济区之后，渔船向公海扩展，公海渔业的产量由过去占总量的 5%上升到 8%~10%，公海渔业的竞争、渔事纠纷日趋激烈。为此联合国提出加强公海渔业的管理，经过 3 年 6 次会议的会谈，于 1995 年 8 月 4 日通过了《联合国鱼类种群协定》。②

国际法规则的变动带来渔业产业的变化，这方面我国是有着深刻体会的。由于《联合国海洋法公约》生效，我国与日本、韩国等邻国签署双边渔业协定，对渔民作业区域重新划分和界定，导致部分传统渔场丧失。2000 年 12 月中国与越南签订《北部湾渔业协

---

① 盛斌，“给全球贸易新规则注入中国元素”，《上海证券报》，2016 年 8 月 8 日第 12 版。

② 卓友瞻，“世界渔业发展趋势”，《中国水产》，1995 年第 10 期，第 1-5 页。

定》后，原在北部湾西部生产的围网、拖网和部分张网作业渔船，几乎全部失去传统的作业渔场。[①] 我国部分渔民被迫转产，失海渔民的社会保障问题十分突出。[②] 这不能仅归咎于我国渔业产能过剩，更重要的是专属经济区制度缺少的历史性权利考量，将专属经济区的渔业捕捞的决定权完全赋予沿海国，我国海岸的地理特征决定了我国会失去这一区域的渔业权利。

面对着规则变动的浪潮，中国一方面应以开放包容、与时俱进、量力而行的态度深入认识不同国家、非政府组织的新规则建议、新治理倡议，厘清其内涵、外延以及产业影响，避免治理中的保守理念。中国海洋渔业产业有必要在海洋渔业资源养护国际规则的变动中实现“以开放促改革”的目标，扎实推进“供给侧结构性改革”，推进“化解产能过剩”等政策。另一方面，中国应在认真调研渔业资源养护活动的基础上，以符合中国渔业产业利益，基于中国渔业产业目标，顺应国际渔业规则变动趋势为标准，为规则变动增加中国元素。

（二）注入中国元素的形式是拿出适应规则变动的中国方案

这里的中国元素不是飞天、祥云、中国结、斗拱卯榫、旗袍等文化艺术领域的中国特征，而是国际法层面上，符合中国利益要求，由我国单独或与其他国家联合提出，被国际组织采纳或被国际条约所接纳的国际法原则、规制和制度。将这些来自于中国的国际法规则被通俗地称为中国元素。国际法领域，和平共处五项原则、联合公报等都是中国元素的体现。

---

① 黄永兰，黄硕琳，“《中越北部湾渔业合作协定》对我国南海各省（区）海洋渔业影响的初步分析”，《上海水产大学学报》，2001 年第 3 期，第 223-228 页。

② 张晓鸥，“渔民迫切需要国家提供社会保障”，《吉林广播电视大学学报》，2005 第 3 期，第 59-63 页。

在海洋渔业资源养护的国际规则变动中注入中国元素，意味着要拿出规则变动的中国方案，这需要如下 3 个方面的要求。

第一，对海洋渔业资源养护的国际规则变动进行跟踪研究和评估，把握海洋渔业资源养护新规则的前沿和发展趋势。

我国政府机构、专家学者应积极主动关注国际渔业资源养护规则的新动向。对当前敏感的渔业补贴谈判、BBNJ 国际协定谈判密切跟踪并进行基于海洋生物科学、财政金融学的专业化评估，分析我国国内法制与可能的谈判结果之间的差距，在风险测试的基础上分析化解规则风险的路径。我国应采取适当的预警机制，针对国外非政府组织批评强烈的捕捞活动进行适当干预，制定海洋渔业捕捞活动的应急预案，在逐步提高捕捞技术环境友好程度的同时，建立捕捞作业工具、捕捞方法的等级制度并逐步淘汰低等级的捕捞工具和捕捞作业方法。

第二，根据渔业产业利益设置谈判红线，积极寻求弹性承诺，有效保护我国海洋渔业的核心利益。

面对激烈的渔业规则变动风潮背景下的国际谈判，我国应组织适当的风险评估，坚持发展中国家身份，适当设置例外条款，争取较长过渡期，回避目前尚无法落实的规则。在坚持尊重海洋渔业资源养护总目标的前提下，遵守区域渔业养护组织的规定，为我国渔民转产、渔业产业升级争取更多的时间。

在涉及我国根本利益的原则问题上，我国应立场坚定、态度鲜明地表明自己观点。例如，渔业补贴国际谈判中，有国家提出应一律取消在争议水域渔业活动补贴的提案，这是针对我国南沙群岛渔业活动的，我国坚决不能让步。在不涉及主权与领土争端的情况下，我国应在坚持自己产业利益的同时保持一定的灵活度。例如，BBNJ 国际协定谈判中是否应将渔业问题纳入谈判的问题上，多数国家采取了回避的态度，我国也没有特别坚持。在一些亟待解决而又短期内没有明确解决方案的领域，我国多支持联合国大会决议、支持粮农组织的工作，在这方面我国还有许多开创新工作方式的机会。

第三，重视渔业资源养护，探索提出新规则。

当前海洋科技迅速发展，捕鱼科技与海洋环境监测手段都得到了长足发展，这为我国探索新的渔业资源养护手段创造了条件。建设创新型国家的过程中，应鼓励渔业企业、研究机构、渔民以及其他环境保护团体都投入到海洋渔业资源养护的事业中，拿出新的养护设备，推出新的养护工作手册，为制定渔业资源养护国内法创造条件。这些国内法规则将会改变我国的海洋渔业，为我国参与海洋渔业资源养护规则的制定提供支撑。

中国除了通过提升渔业产业技术水平来提升在国际规则变动中的话语权外，还应关注其特殊利益诉求，主要有 3 个方面的考量，一是传统渔民转产的生计问题，传统渔村的渔业文化传承问题，传统生计型渔业生产中使用现代科技的问题；二是非公海沿海国享有公海捕鱼自由的国际保障问题以及在多大程度上应该受到公海沿海国限制的问题；三是渔业生产面临着需要在社会化与家庭化、全球化与本土化、商业化与观光化之间选择，这种选择是否需要统一的国际标准，我国需要思考应建立怎样的渔业文化来引领渔业资源养护国际规则的变动。

（三）注入中国元素应以建设 21 世纪海上丝绸之路为先导

21 世纪海上丝绸之路，是 2013 年 10 月习近平总书记访问东盟时提出的战略构想。2015 年 3 月 28 日，国家发展和改革委员会、外交部、商务部联合发布了《推动共建丝绸之路经济带和 21 世纪海上丝绸之路的愿景与行动》（简称为《一带一路合作愿景与行动》）的合作部分指出："拓展相互投资领域，开展农林牧渔业、农机及农产品生产加工等领域深度合作，积极推进海水养殖、远洋渔业、水产品加工、海水淡化、海洋生物制药、海洋工程技术、环保产业和海上旅游等领域合作。"

与21世纪海上丝绸之路沿线国家的国际渔业合作，也是我国远洋渔业发展的重要内容。良好的产业合作是建立在对渔业资源养护规则存在越来越多共同认识的基础之上。当前海洋渔业资源养护国际规则的变动会对我国与21世纪海上丝绸之路沿线国家的国际渔业合作带来影响。我国与这些国家的国际渔业合作也会影响国际规则变动的走势。这个互动的过程，正是新渔业规则形成、发展并经受实践检验的过程。

在海洋渔业资源养护规则的变动中注入中国元素不仅要为规则变动提供方案，还要为规则变动提供实践，只有经过实践检验的方案才更有说服力。21世纪海上丝绸之路为中国方案提供了实践的舞台，这是中国参与海洋渔业治理的绝佳机会。如果我国渔业行政机关、渔业企业、行业协会抓住这个机会，"一带一路"建设中我国渔业企业的作业准则、贸易惯例、管理模式都会逐渐影响着世界渔业产业的成长，"一带一路"建设中的这些中国元素会逐步走向国际规则的中心。

在海洋渔业资源养护规则的变动中注入中国元素还有利于文明互鉴。人类文明从一开始就是多样化的，多样化体现着文明的本性。[①] 联合国教科文组织通过的《保护和促进文化表现形式多样性公约》指出，文化多样性是人类的共同遗产，应该为了全人类的利益对其加以珍爱和维护；文化多样性创造了一个多姿多彩的世界，

---

① 钱乘旦，"多样的文明，创造世界共同的未来"，《求是》，2019年第10期，第70-78页。

使人类有了更多的选择，得以提高自己的能力和形成价值观，并因此成为各社区、各民族和各国可持续发展的一股主要推动力。①

当前的海洋渔业资源养护体系以西方渔业文明为背景，渔业资源养护的概念与主要方法均来源于《北海渔业公约》，渔业资源养护的哲学基础仍是“最大限度地利用”。当前资源养护体现缺乏文明多元化的考量，没有东方文化中的“人与自然和谐”“敬畏自然”等思想。在全球化日益深入的背景下，在国际规则的变动中增加中国元素，将有利于维护中国的国家利益，增加国际规则中文明多样化，促进人类整体利益的提升。

本章小结

面对海洋渔业资源养护的国际规则变动，作为参与者而非旁观者，中国依靠法制的力量来养护海洋渔业资源，积极推动海洋渔业资源养护国际规则变动；作为引领者而非跟随者，中国主动承担缔结条约外海洋渔业资源养护义务，“零容忍”打击 IUU 捕捞并主动减少捕捞产能。中国在国际渔业规则谈判、参加区域渔业管理组织治理活动中积极发出中国声音。我国应从 3 个方面积极为海洋渔业资源养护国际规则变动注入中国元素：以维护中国渔业的产业利益为目的，以拿出适应规则变动的中国方案为形式，以建设 21 世纪海上丝绸之路为先导。

本章定位

本章定位于研究海洋渔业资源养护国际规则变动的中国立场与应对策略。在分析我国立场的基础上，给出为规则变动注入中国元素的建议。

---

① 《保护和促进文化表现形式多样性公约》序言第 1、2、3 段。

参考文献

一、中文文献

(一) 中文著作

[1] 张海文．《联合国海洋法公约》与中国．北京：五洲传播出版社，2014.

[2] 唐国建．海洋渔业捕捞方式转变的社会学研究．北京：社会科学文献出版社，2017.

[3] 张艾妮．我国专属经济区海洋渔业资源养护相关法律问题研究．武汉：湖北人民出版社，2017.

[4] 贾兵兵．《联合国海洋法公约》争端解决机制研究：附件七仲裁实践．北京：清华大学出版社，2018.

[5] 叶兴平．和平解决国际争端．北京：法律出版社，2008.

[6] 崔凤，赵缇，沈彬．实现海洋资源的可持续利用．北京：社会科学文献出版社经济与管理分社，2017.

[7] 王传丽．国际贸易法．北京：法律出版社，2005.

[8] 戴瑛，裴兆斌．渔业法新论．南京：东南大学出版社，2018.

[9] 金永明．海洋问题专论（第二卷）．北京：海洋出版社，2012.

[10] 韩树宗，王树青，徐宋娟．海洋渔业．广州：中山大学出版社，2012.

[11] 薛桂芳．国际渔业法律政策与中国的实践．青岛：中国海洋大学出版社，2008.

[12] 秦曼．海洋渔业资源资产化管理——制度透视与效率考量．北京：经济管理出版社，2018.

[13] 孙善根．宁波海洋渔业史．杭州：浙江大学出版社，2015.

［14］ 何志鹏．国际法哲学导论．北京：社会科学文献出版社，2013.
［15］ 杨泽伟．国际法析论（第3版）．北京：中国人民大学出版社，2012.
［16］ 陈新军．全球海洋渔业资源可持续利用及脆弱性评价．北京：科学出版社，2018.
［17］ 杨吝．南海周边国家海洋渔业资源和捕捞技术．北京：海洋出版社，2017.
［18］ 李玫，王丙辉．中日韩关于海洋垃圾处理的国际纠纷问题研究．北京：对外经贸大学出版社，2015.
［19］ 白桂梅．国际法（第三版）．北京：北京大学出版社，2015.
［20］ 范晓婷．公海保护区的法律与实践．北京：海洋出版社，2015.
［21］ 邵津．国际法（第五版）．北京：北京大学出版社/高等教育出版社，2014.
［23］ 王冠雄．全球化、海洋生态与国际渔业法发展之新趋势．中国台北：秀威资讯科技公司，2011.
［24］ 黄异．海洋与法律．中国台北：新学林出版公司，2010.
［25］ ［英］R. S. K. 巴恩斯，R. N. 休斯，王珍如等译．海洋生态学导论．北京：地质出版社，1990.
［26］ ［英］布莱恩·费根著．李文远译．海洋文明史：渔业打造的世界．北京：新世界出版社，2019.
［27］ ［英］哈特著．许家馨，李冠宜译．法律的概念（第三版）．北京：法律出版社，2018.
［28］ ［荷兰］尼克·斯赫雷弗、汪习根著．黄海滨译．可持续发展在国际法中的演进：起源、涵义及地位．北京：社会科学文献出版社，2010.
［29］ ［美］马汉著，欧阳瑾译．海权论．北京：中国言实出版社，2015.
［30］ ［美］卡伦·明斯特，伊万·阿雷奎恩-托夫特著．潘忠岐译．国际关系精要（第五版）．上海：上海人民出版社，2012.
［31］ ［美］爱德华·弗里曼，杰弗里·哈里森，安德鲁·威克斯等著．盛亚，李靖华等译．利益相关者理论现状与展望．北京：知识产权出版

社，2013.
[32] [美] 熊玠著，余逊达，张铁军译．无政府状态与世界秩序．杭州：浙江人民出版社，2001.
(二) 中文论文
[1] 李茂林，金显仕，唐启升．试论中国古代渔业的可持续管理和可持续生产．北京：农业考古，2012 第 1 期，第 213-220 页．
[2] 陈新军，周应祺．论渔业资源的可持续利用．资源科学，2001 年第 2 期，第 70-74 页．
[3] 丁建乐．国外可持续捕捞渔业技术新进展．渔业现代化，2012 年第 5 期，第 58-62 页．
[4] 海泓．《联合国海洋法公约》简介. 海洋开发，1985 年第 2 期，第 67-69 页．
[5] 黄硕琳．专属经济区制度对我国海洋渔业的影响．上海水产大学学报，1996 年第 3 期，第 182-188 页．
[6] 袁古洁．专属经济区划界问题浅析．中外法学，1996 年第 6 期，第 28-32 页．
[7] 牟文富．互动背景下中国对专属经济区内军事活动的政策选择．太平洋学报，2013 年第 11 期，第 45-58 页．
[8] 贾宇．中国在南海的历史性权利．中国法学，2015 年第 3 期，第 179-203 页．
[9] 慕亚平，江颖．从“公海捕鱼自由”原则的演变看海洋渔业管理制度的发展趋势，中国海洋法学评论，2005 年卷第 1 期，第 82-93 页．
[10] 傅崐成，郑凡．群岛的整体性与航行自由——关于中国在南海适用群岛制度的思考，上海交通大学学报（哲学社会科学版），2015 年第 6 期，第 5-13 页．
[11] 黄硕林．专属经济区制度对我国海洋渔业的影响，上海水产大学学报，1996 年第 3 期，第 182-188 页．
[12] 沈卉卉，黄硕琳．中西太平洋金枪鱼渔业管理现状分析，上海海洋大学学报，2014 年第 5 期，第 789-796 页．

[13] 郑凡．半闭海视角下的南海海洋问题. 太平洋学报，2015 年第 6 期，第 51-60 页．

[14] 邓晓芒．马克思人本主义的生态主义探源. 马克思主义与现实，2009 年第 1 期，第 69-75 页．

[15] 曾令良．现代国际法的人本化发展趋势．中国社会科学，2007 年第 1 期，第 89-103 页．

[16] 田其云．关于海洋资源法义务本位的思考关于海洋资源法义务本位的思考——以海洋资源分割与保护为视角．学术交流，2005 年第 10 期，第 44-48 页．

[17] 吕晓丽．全球治理：模式比较与现实选择．现代国际关系，2005 年第 3 期，第 8-13 页．

[18] 何志鹏．'良法'与'善治'何以同样重要——国际法治标准的审思. 浙江大学学报（人文社会科学版），2014 年第 3 期，第 131-149 页．

[19] 蔡守秋，万劲波，刘澄．环境法的伦理基础：可持续发展观——兼论'人与自然和谐共处'的思想．武汉大学学报（社会科学版），2001 年第 4 期，第 389-394 页．

[20] 唐议，邹伟红．海洋渔业对海洋生态系统的影响及其管理的探讨．海洋科学，2009 年第 3 期，第 65 页．

[21] 何志鹏．国际法治：一个概念的界定．政法论坛，2009 年，4：63-81.

[22] 周立波．海洋生物资源特性对立法的影响．海洋开发与管理，2009 年第 6 期，第 22-28 页．

[23] 罗国强．普芬道夫自然法与国际法理论述评．浙江大学学报，2010 年第 4 期，第 128-142 页．

[24] 俞正梁．国际无政府状态辨析．外交学院学报，2002 年第 1 期，第 48-53 页．

[25] 陈安．南南联合自强五十年的国际经济立法反思——从万隆、多哈、坎昆到香港．中国法学，2006 年第 2 期，第 85-103 页．

[26] 蔡守秋．论生态系统方法及其在当代国际环境法中的应用. 法治研究，2011 年第 4 期，第 60–66 页．

[27] 唐建业．《港口国措施协定》评析．中国海洋法学评论：中英文版，2009 年第 2 期，第 123–139 页．

[28] 罗豪才，周强．软法研究的多维思考．中国法学，2013 年第 5 期，第 102–111 页．

[29] 何志鹏，孙璐．国际软法何以可能：一个以环境为视角的展开．当代法学，2012 年第 1 期，第 36–46 页．

[30] 程信和．硬法、软法与经济法．甘肃社会科学，2007 年第 4 期，第 219–228 页．

[31] 黄硕琳．专属经济区制度对我国海洋渔业的影响．上海水产大学学报，1996 第 3 期：第 182–188 页．

[32] 唐议，盛燕燕，陈园园．公海深海底层渔业国际管理进展．水产学报，2014 年第 5 期，第 759–768 页．

[33] 胡若溟．新时代的合法性重构—评《公法变迁与合法性》．公法研究，2016 年第 1 期，第 359–380 页．

[34] 〔德〕奥托·基希海默著，王凤才，孙一洲译．合法律性与合法性．国外社会科学，2017 年第 2 期，第 53–62 页．

[35] 杨光斌．合法性概念的滥用与重述．政治学研究，2016 年第 2 期，第 2–19 页．

[36] 胡建国，辛方．浅议《TBT 协定》对技术法规的适用——以欧盟海豹产品案为例．中国标准化，2014 年第 5 期，第 114–117 页．

[37] 李林．立法权与立法的民主化．清华法治论衡，2000 年（年刊），第 251–289 页．

[38] 岳彩申．法院判决“返还项目权益”的实质合法性标准及社会因素——司法裁判合法性与社会效应统一的典型案例与验证．中国不动产法研究．2017 年第 1 期，第 101–115 页．

[39] 肖勇．中国东海渔区渔业补贴状况及对渔业资源利用影响．中国渔业经济，2004 第 5 期，第 31–32 页．

[40] 朱婧，周达军．关于现阶段我国海洋渔业补贴政策的思考——基于舟山市的调查．中国水运，2012 年第 5 期，第 37-39 页．
[41] 江明方．完善我国渔业补贴政策的思考．中国渔业经济，2011 年第 2 期，第 26-27 页．
[42] 李奕雯．渔业捕捞和养殖业油补政策获调整 捕捞业油补五年内降至 2014 年补贴水平的 40%. 海洋与渔业，2015 年第 8 期，第 24-25 页．
[43] 陈卫东．"特殊与差别待遇"是世界贸易组织的重要基石．理论导报，2019 年第 1 期，第 25 页．
[44] 蒋海涛．日本试行水产品质量标签．中国水产，1984 年第 8 期，第 32 页．
[45] 杨桂玲，叶雪珠．欧盟食品标签法规管理现状及对我国食品标签体系的建议．食品与发酵工业，2009 年第 5 期，第 128-131 页．
[46] 韩保平，方海．海洋管理理事会水产品认证制度概述．浙江海洋学院学报（自然科学版），2009 年第 3 期，第 338-341 页．
[47] 孙月娥，李超．我国水产品质量安全问题及对策研究．食品科学，2009 年第 21 期，第 493-498 页．
[48] 陈伟．我国水产品国际竞争力的提升策略．湛江海洋大学学报，2006 年第 2 期，第 1-5 页．
[49] 黄进．碳标签和环境标志．标准科学，2010 年第 7 期，第 4-8 页．
[50] 宁波，韩兴勇，张謇．"渔权即海权"渔业思想的探索与实践．浙江海洋学院学报（人文科学版），2013 年第 4 期，第 44-48 页．
[51] 边永民．跨界环境影响评价的国际习惯法的建立和发展．中国政法大学学报，2019 年第 2 期，第 32-47 页．
[52] 李赞．建设人类命运共同体的国际法原理与路径．国际法研究，2016 年第 6 期，第 48-70 页．
[53] 黄硕琳．渔权即是海权．中国法学，2012 第 6 期，第 68-77 页．
[54] 韩长赋．加快推进海洋牧场建设 促进海洋渔业转型升级．中国渔业经济，2018 年第 5 期，第 2-3 页．
[55] 卓友瞻．"世界渔业发展趋势"．中国水产，1995 年第 10 期，第 1-5

页 .
[56] 张晓鸥 . 渔民迫切需要国家提供社会保障 . 吉林广播电视大学学报，2005 第 3 期，第 59-63 页 .
[57] 黄永兰，黄硕琳 .《中越北部湾渔业合作协定》对我国南海各省（区）海洋渔业影响的初步分析 . 上海水产大学学报，2001 年第 3 期，第 223-228 页 .
[58] 钱乘旦 . 多样的文明，创造世界共同的未来 . 求是，2019 年第 10 期，第 70-79 页 .
[59] 裴兆斌，解姝 . 涉渔“三无”船舶没收法律问题及其制度完善 . 沈阳农业大学学报（社会科学版），2018 年第 1 期，第 36-40 页 .

（三）中文报纸

[1] 周超 . 南极罗斯海将建全球最大海洋保护区 . 中国海洋报，2016 年 11 月 2 日，第 3 版 .
[2] 于婷 . 我国海洋捕捞产量下降渔业资源养护成效明显 . 中国海洋报，2017 年 12 月 21 日，第 A03 版 .
[3] 马艳霞 . 建设负责任远洋渔业强国 农业部副部长于康震解读《‘十三五’全国远洋渔业发展规划（2016—2020 年）》. 中国渔业报，2017 年 12 月 25 日，第 A01 版 .
[4] 胡锦涛 . 坚定不移沿着中国特色社会主义道路前进 为全面建成小康社会而奋斗——在中国共产党第十八次全国代表大会上的报告 . 人民日报，2012 年 11 月 18 日，第 1 版 .
[5] 胡学东 . 海洋生物多样性国际谈判前瞻及建议 . 中国海洋报，2017 年 12 月 20 日第 2 版 .
[6] 温俊华 . 海洋塑料垃圾 大麻烦在海底 . 广州日报，2018 年 11 月 22 日，第 A13 版 .
[7] 新社评论员 . 共同构建海洋命运共同体 . 新华每日电讯，2019 年 4 月 24 日，第 1 版 .
[8] 王毅 . 携手打造人类命运共同体 . 人民日报，2016 年 5 月 31 日，第 7 版 .

[9] 陈建．粮农组织呼吁重视渔业可持续发展．经济日报，2014 年 6 月 12 日，第 4 版．

[10] 盛斌．给全球贸易新规则注入中国元素．上海证券报，2016 年 8 月 8 日，第 12 版．

[11] 于德福．王宏会见南极海洋生物资源养护委员会执行秘书 进一步参与南极生物资源保护．中国海洋报，2018 年 11 月 21 日，第 1 版．

[12] 王翰灵．国际海洋法发展的趋向——纪念我国批准《联合国海洋法公约》十周年．中国海洋报，2006 年 5 月 30 日，第 3 版．

[13] 刘建．东海渔政局严厉处罚一起公海流网捕鱼案件 三艘渔船被扣押并处罚款．法制日报，2008 年 1 月 14 日，第 03 版．

[14] 陈鹏．1 月至 11 月渔业经济运行良好．中国渔业报，2017 年 12 月 25 日，第 A01 版．

[15] 习近平．携手消除贫困 促进共同发展——在 2015 减贫与发展高层论坛的主旨演讲．人民日报，2015 年 10 月 17 日，第 2 版．

[16] 郑南．粮农组织通过有关打击非法捕鱼的国际准则．中国海洋报，2014 年 6 月 17 日，第 4 版．

[17] 闵慧男．借鉴国际经验应对渔业危机．中国渔业报，2005 年 9 月 26 日，第 7 版．

[18] 孟昭宇，杨卫海．我国远洋渔业发展的机遇与挑战．中国国门时报，2016 年 9 月 5 日，第 3 版．

二、英文文献

（一）英文著作

[1] Hugo Grotius, *The Freedom of the Seas, or the Right Which Belongs to the Dutch to take part in the East Indian Trade*, Translated by Ralph Van Deman Magoffin, Introduction by James Brown Scott, Oxford University Press, 1916, reprinted 2001.

[2] Rachel Baird, *Aspects of Illegal, Unreported and Unregulated Fishing in the Southern Ocean*, Springer, 2006.

[3] Daniela Diz Pereira Pinto, *Fisheries Management in Areas beyond National*

Jurisdiction: The Impact of Ecosystem Based Law-making, Martinus Nijhoff, 2012.

[4] Akiho Shibata (Editor), Leilei Zou (Editor), Nikolas Sellheim (Editor), Marzia Scopelliti (Editor), *Emerging Legal Orders in the Arctic: The Role of Non-Arctic Actors*, Routledge, 2019.

[5] Daud Hassan (Editor), Saiful Karim (Editor), *International Marine Environmental Law and Policy*, Routledge, 2018.

(二) 英文论文

[1] Boris Worm, Edward B. Barbier, Nicola Beaumont, et al, "Impacts of Biodiversity Loss on Ocean Ecosystem Services", 314 *Science* 5800, 2006, p. 788.

[2] Jóhannesson, G. T., Troubled Waters. *Cod War, Fishing Disputes, and Britain's Fight for the Freedom of the High Seas*, 1948–1964. Thesis submitted in partial fulfillment of the requirements for the degree of Doctor of Philosophy. Queen Mary, University of London: 2004. p. 161.

[3] Drainey, N., *Cod Wars payment is 'too little, too late'*. The Times. 6 April 2012.

[4] Juda, L. Considerations in Developing a Functional Approach to the Governance of Large Marine Ecosystems. *Ocean Development & International Law*, 30, 1999, pp. 89–125.

[5] Freestone, D. The Conservation of Marine Ecosystems under International Law, in Redgwell, C. / Bowman, M. J. (eds.), International Law and the Conservation of Biological Diversity, 1996, 94 and 102 pp.

[6] Roberts, C. M. Deep impact: the rising toll of fishing in the deep sea. Trends in Ecology & Evolution, 17 (2002). 242–245 pp.

[7] Liza Griffin, "The North Sea Fisheries Crisis and Good Governance", Geography Compass, Vol. 2, Iss. 2, 2008, pp. 452–475.

[8] Stephen J. Hall, Patrick Dugan, Edward H. Allison, Neil L. Andrew, "The end of the line: Who is most at risk from the crisis in global fisher-

ies?", AMBIO, Vol. 39, No. 1, 2010, pp. 78-80.

[9] Case U. S. Supreme Court The Paquete Habana, 175 U. S. 677 (1900). Presidential Letter of Transmittal of the Law of the Sea Convention, Oct 6, Sen. Treaty Doc. No. 103-39, at iii IV (1994) .

[10] Jon M. Van Dyke, "U. S. Accession to the Law of the Sea Convention", Ocean Yearbook Online, Vol. 22, Iss. 1, 2008, pp. 47-59.

[11] Micheal W. Lodge, "The Fisheries Regimes of Enclosed and Semi-enclosed Seas and High Seas Enclaves", in Ellen Hey, ed., Developments in International Fisheries Law, Kluwer Law International, 1999, pp. 206-208.

[12] Helen Milner, The assumption of anarchy in international relations theory: a critique, Review of International Studies, Vol. 17, No. 1 (Jan., 1991), pp. 67-85.

[13] Wendt, Alexander, "Anarchy is what States Make of It: the Social Construction of Power Politics", International Organization 46, No. 2 (Spring 1992): 391-425.

[14] William W. L. Cheung, John Pinnegar, Gorka Merino, etc., Review of Climate Change Impacts on Marine Fisheries in the UK and Ireland, Volume 22, Aquatic Conservation: Marine and Freshwater Ecosystems, Issue 3, 2012, pp. 389-421.

[15] Katherine Kortenkamp, Colleen Moore, Ecocentrism and Anthropocentrism, Moral Reasoning about Ecological Commons Dillemas, Volume 21, Journal of Environmental Psychology, 2001, p. 9.

[16] Richard Haeuber, Setting the Environmental Policy Agenda: The Case of Ecosystem Management Natural Resources Journal Vol. 36, Winter 1996, p. 6.

[17] Hanling Wang, Ecosystem Management and Its Application to Large Marine Ecosystems: Science, Law, and Politics, Ocean Development & International Law 25 (2004), p. 56.

[18] The Presidential Declaration Concerning Continental Shelf of 23 June 1947 (El Mercurio, Santiago de Chile, 29 June 1947) and Presidential Decree

No. 781 of 1 August 1947 (El Peruano: Diario Oficial. Vol. 107, No. 1983, 11 August 1947) .

[19] Salvatore Arico, Implementing the ecosystem approach in ocean areas, with a particular view to open ocean and deep sea environments: the importance of analyzing stakeholders and their interests, in a conference report from the Panel Presentations during the United Nations Open - ended Informal Consultative Process on Oceans and the Law of the Sea (Consultative Process) Seventh meeting, United Nations Headquarters, New York, 12 to 16 June 2006, p. 10.

[20] U. Rashid Sumaila, Vicky W. Y. Lam, Dana D. Miller, Louise Teh, Reg A. Watson, Dirk Zeller, William W. L. Cheung, Isabelle M. Côté, Alex D. Rogers, Callum Roberts, Enric Sala & Daniel Pauly, Winners and losers in a world where the high seas is closed to fishing, Scientific Reports 5, 2015, pp. 1-6.

[21] Konrad Jan Marciniak, New implementing agreement under UNCLOS: A threat or an opportunity for fisheries governance? Marine Policy Vol. 84, pp320-326.

[22] Garrett James Hardin, The Tragedy of the Commons. Science, Vol. 162, 1968, pp. 1243-1248.

[23] Denghua Zhang, The Concept of ‘Community of Common Destiny’ in China’ s Diplomacy: Meaning, Motives and Implications, Asia & the Pacific Policy Studies, vol. 5, no. 2, pp. 196-207.

[24] Douglas Mccauley, Malin L Pinsky, Stephen R Palumbi , James A Estes, Marine defaunation: Animal loss in the global ocean, Science, Vol 347, Issue 6219, 2015, 1255641.

三、国际条约、中国国内法律文件

(一) 国际条约

[1] 《北海渔业管理规定的国际公约》

[2] 《联合国鱼类种群协定》

[3]　《联合国海洋法公约》
[4]　《南印度洋渔业协定》
[5]　《负责任渔业守则》
[6]　《港口国措施协定》
[7]　《南太平洋公海渔业资源养护与管理公约》
[8]　《北太平洋公海渔业资源养护与管理公约》
[9]　《生物多样性公约》
[10]　《捕鱼及养护公海生物资源公约》
[11]　《保护和促进文化表现形式多样性公约》
[12]　《名古屋议定书》
（三）中国国内法律文件
[1]　《农业农村部办公厅、外交部办公厅关于商请将我加入的相关区域渔业管理组织公布的非法、不报告和不受管制渔船纳入我各口岸布控范围的函》（农办渔函〔2018〕67号）。
[2]　农业部办公厅关于南太平洋区域渔业管理组织有关管理措施的通知（农办渔［2013］27号）。
[3]　《农产品包装和标识管理办法》（农业部令2006年第70号）第10条。
[5]　《农产品质量安全法》。
[7]　《广东省食用农产品标识管理规定》（粤府令第137号）第15条。
[8]　《广东省水产品标识管理实施细则》（粤海渔函〔2011〕734号）。
[9]　《国务院关于促进海洋渔业持续健康发展的若干意见》（国发〔2013〕11号）。
[10]　《中国水生生物资源养护行动纲要》（国发〔2006〕9号）。
[11]　《农业部关于印发联合国大会通过禁止在公海使用大型流网决议的通知（［1990］农［渔政］字第18号）》
[12]　《渔政渔港监督管理局关于协查假冒“鲁牟渔6004、6007、6008”船名号涉嫌公海非法流网作业渔船的通知（国渔指［2006］9号）》
[13]　《“中国渔政亮剑2019”系列专项执法行动方案》的通知（农渔发［2019］8号）。

后　记

2018 年 6 月，习近平主席在山东青岛考察时指出：发展海洋经济、海洋科研是推动我们强国战略的很重要的一个方面，一定要抓好。

海洋是地球的组成部分。人类是陆生动物，开发与利用海洋资源是以科技进步、经济实力增强为基础的。研究海洋渔业国际规则重点不是研究海洋自然地理、地质特殊性，而是研究人与人之间的关系，国与国之间的关系。海洋渔业规则也同样需要以海洋科技、经济实力为基础。规则变动是实力变迁的体现。研究视野要比海洋更宽广，解决的问题和方法不仅能适用于海洋渔业争端，更会对人类其他问题有所启迪。

2015 年 9 月，习近平主席在第 70 届联合国大会的演讲中指出人类可以利用自然改造自然，但归根结底是自然的一部分，必须呵护自然，不能凌驾于自然之上。我们要解决好工业文明带来的矛盾，以人与自然和谐相处为目标，实现世界的可持续发展和人的全面发展。

本人从 2009 年研究海洋渔业问题至今，已有近 10 个年头，对海洋渔业国际规则问题的研究越来越深入，主要认识到以下几个方面。

第一，海洋渔业资源养护已经成为渔业活动的关键环节。

当前海洋渔业资源分配与养护的主角是区域渔业管理组织。这些组织很多直接以养护命名，世界主要水产品消费国家均以养护为名颁布措施、法令。养护（conservation）已经成为国际渔业领域的通用词汇，不能再被翻译成“保护”了。

第二，我国《渔业法》增加“资源养护”字样。

“养护渔业资源”的字样在我国加入的国际条约中、我国政府的行政文件中多次出现，已经成为我国海洋渔业法制的重要词汇，但在《渔业法》中没有提及，这与该法的立法年代有关，也反映出对资源养护与保护的认识不清。我国海洋渔业进入新时代以来，在“绿水青山就是金山银山”的理论指导下，取得了重要进步，修订《渔业法》将“养护”字样增加到条文中，意义重大。

第三，当前海洋渔业资源分配的基础国际框架对中国渔业不利。

大多数渔业资源位于海岸线起 200 海里的范围内，沿海国据此主张建立了专属经济区制度。此制度的核心问题是沿海国海岸线如何确定。以此制度而论，如果某国在大洋中占有了一张办公桌大小的陆地，该国可以主张拥有约 43 万平方公里的海洋面积，这个面积与我国黑龙江省的面积（45 万平方公里）相当，比广东省、广西壮族自治区加在一起的面积要小一点。从国际对比来看，这个面积与瑞典（41 万平方公里），伊拉克（43.4 万平方公里）大小差不多。

总体上，专属经济区制度是不能反映国家力量对比、与捕捞能力、人口多少等要素无关的制度。让部分国家的渔业资源成为其占有的“新型石油资源”。德国、中国等地理上处于不利地位的国家，只能向这些国家购买捕捞配额，这不能体现按劳分配，是在促进不劳而获，严格来说是缺乏法理说服力的。

为了对抗专属经济区制度对海洋的任意分割，区域渔业管理组织普遍设立，这带来了渔业捕捞配额分配的新问题，各国捕捞配额依据历史上的捕捞数量来确定，这对新兴工业国又是严重挑战。

第四，中国立法中的渔业活动要进一步分类。

传统观念认为：渔业属于广义的农业，是农林牧副渔 5 种农业形式之一，水产品加工业属于轻工业，休闲渔业是旅游业的范畴。这些分类是以盈利方式为主进行的，总体符合我国财税政策的要求，但在捕捞渔业内部还要进一步分为：小规模渔业、传统渔业、手工渔业、工业化捕捞等。养殖型渔业是否进一步分为家庭养殖、小规模养殖、工业化养殖等。观光渔业是否要区分为以海洋风光为主、以渔业文化为主、以餐饮住宿为主等。

第五，将海洋渔业国际规则的变动置于人类海洋规则变迁的总体背景下，应对的根本之策是发展，发展才是硬道理。

我国人口约占世界总人口的 1/5，但从海洋捕捞获取的蛋白质总量达不到这个水平。我国海洋水产品消费主要依靠养殖来实现，这已经成为我国渔业产业的显著特征。面对海洋环境状况、国际规则演变，我国仍需要以发展来解决问题。尽管中国远洋渔业所面临的基础框架十分不利，但建国 70 年来，尤其是改革开放以来，我国海洋渔业领域仍然取得优异的成绩，正在踏实地迈向渔业强国，这主要依靠党的正确领导，人民勤奋和敢闯敢拼的精神。

2019 年 10 月 15 日，习近平主席在致中国海洋经济博览会的贺信中指出："海洋对人类社会生存和发展具有重要意义，海洋孕育了生命、联通了世界、促进了发展。海洋是高质量发展战略要地。要加快海洋科技创新步伐，提高海洋资源开发能力，培育壮大海洋战略性新兴产业。要促进海上互联互通和各领域务实合作，积极发展'蓝色伙伴关系'"。把我国海洋渔业建设成为海洋高效渔业，成为海洋战略性新兴产业。这应该是中国渔业在新时代取得更好成绩的重要方向。我国参与国际规则斗争应服从于、服务于海洋渔业发展的中心。

本著作在写作的过程中，获得了海南大学和海南大学法学院各位领导与同事的大力支持。国内外兄弟单位的专家、学者对这本书稿提出了宝贵意见，海洋出版社的编辑也给予了多方帮助。在此向各位致谢。

这本著作是本人主持的司法部2014年法治建设与法学理论研究部级科研项目的主要成果。项目名称：海洋渔业资源养护的国际法规制研究；项目编号：14SFB30041。在此向参与项目评审、结项的各位专家致以诚挚的谢意。

本书从写作到付梓历时较长，中间经过多次细致修改，然囿于学识、观点上难免有不周延之处，且受作者语言种类和资料所限，对一些敏感度过高的渔业争议问题、渔业数据尚不能全面掌握，缺乏多维度考察与阐释。敬请各位读者对本书的不足之处提出宝贵意见，给本人一个学习完善的机会，也欢迎国内外同行多多联系，品鉴交流。本人电子邮箱为 weidecai@ hainanu. edu. cn。在本书即将出版之际，再次感谢各位的关心、支持与帮助。

魏德才

2019年10月15日

（农历己亥年九月十七）

中国·海南·海甸岛